KB025621

우편통신에서 CDMA까지

정보통신 강국 대한민국을 만든 별의 순간들

우편통신에서 CDMA까지

정보통신 강국 대한민국을 만든 별의 순간들

남정욱 지음

북앤피플

차례

제3부 1차 통신 혁명 TDX와 반도체 강국 선언

제4부 정보통신강국의 문을 연 CDMA 성공신화

들어가는 말

나라마다 건국 설화가 있고 건국이념이 있다. 대부분은 신화의 세계에서 형제가 서로 죽이거나 혹은 남매가 사통한 끝에 출발하는 등 인간의 눈으로 보면 막장이거나 유혈낭자다. 반면 우리의 건국은 세계사적으로 참 남다르다. 쑥하고 마늘 먹기 시합을 해서 이긴 쪽이 하늘의 아들과 혼인한다. 경쟁은 있었지만 살상은 없었다. 건국이념은 전혀 이기적이지 않다. 홍익인간이라는 유례가 없는 평화적인 슬로건으로, 인간세계를 널리 이롭게 한다는, 인간은 서로 돕고 널리 모두에게 이익이 되게 한다는 만민평등, 사해동포주의다. 그렇게 태어난 우리는 우리를 천손(天孫)족이라고 부른다. 그러나 독존의 천손이 아니다. 우리가 그 일을 더 적극적으로 해나가겠다는 포부와 책임감과 자신감이다. 홍익인간에서 이어지는 것이 삼족오(三足烏)다. 다리가 셋인 까마귀 삼족오는 고구려 문화재에서 다수 확인할 수 있는 환상의 종(種)인데 뜻하는 바가 예사롭지 않다. 하늘의 뜻과 지혜요 가진 것과 아는 것을 우선의 마음가

짐으로 한다. 항상 미래지향적이며 앞으로의 희망과 야망을 뜻한다. 그러나 발이 허공에 떠있지 않아 현실적인 출발을 중시하며 항상 이성을 추구한다. 과감한 구상과 용맹은 실천전략이다. 천손이되 홀로 주인공이 아니라 리더의 모습이다. 홍익인간과 삼족오를 거쳐 온 정신세계는 한민족의 DNA이자 현대 한민족의 정신문화적 DNA이기도 하다. 이 DNA는 '신바람'이다. '빨리빨리'의 문화다. 항상 새로운 것과 미래를 추구하며 창의성을 중시하는 정신이다. 동시에 항상 독립적이고 독창적이며 또한 다양성을 추구한다. 그러나 위기에는 잘 뭉친다. 지성과 열정을 중요하게 생각하니 교육이 남다르며 이런 것들이 모여 만들어 낸 것이 지칠 줄 모르는 현대 기업윤리다. 이 기업윤리가 바탕이 된 한민족의 대표적인 성공 사례가 바로 정보통신산업이다. 홍익인간처럼 정보통신은 인간세상을 널리 이롭게 하는 것이 그 본질이 아니던가. 140년 한국 정보통신의 역사는 그 이로움이 모두에게, 널리 퍼져나간 기록이기도 하다.

재미있는 우연이다. 1882년은 우리나라 근대화 통신 역사의 출발인 우정사가 설립된 해이다. 그로부터 100주년이 되는 1982년에는 한국 통신사업의 중요한 전환점이 되는 한국통신(KT)과 한국데이터통신주식회사(DACOM)가 탄생했다. 둘 다 국내 통신 역사에서 빼놓을 수 없는 중요한 사건이지만 끝은 많이 달랐다. 우정사는 2년 후 우정총국으로 개편되어 본격적인 우편 업무를 시작했지만 갑신정변으로 17일 만에 문을 닫고 만다. 그러나 KT와 데이콤은 세계 정보통신시장의 피 말리는 경쟁의 파고를 넘어 대한민국이 정보통신강국으로 가는 초석을 놓았다. 1세기 간격을 두고 벌어진 비슷한 사건, 완전히 다른 결말이었다. 1982년에는 중요한 사건 하나가 더 있다. 경북 구미에 있는 전자기술연구소와 서울대가 컴퓨터를 이용하여 통신에 성공한 것이다. 멀리 떨어져 있는, 기종이 다른 컴퓨터끼리의 연결은 미국 말고는 대한민국이 처음이었다. 그것도 수입이 아닌 자체 기술로 거둔 성과로 인터넷 사가(史家)들이 1982년을 대한민국 인터넷의 원년으로 꼽는 이유다.

우리는 타고난 디지털 정보통신 민족이다. 불과 연기를 피워 적의 침입을 알리는 봉수대는 상이한 여러 개의 메시지를 부호화한 것이다. 태극기의 4괘 역시 건곤감리를 점과 선으로 부호화한 것이다. 부호화를 전문 용어로 코딩이라고 부른다. 우리는 배달의 민족이 아니라 코딩의 민족이다. 빨리빨리는 외국인들이 한국에 와서 가장 먼저 배우는 말이다. 우리는 느린 것을 견디지 못한다. 뭐든 빨리해야 성에 차고 만족한다. 원래는 부정적인 의미였다. 냄비근성이라고 부르며 스스로를 비하했다. 세상이 변하면서 이 빨리

빨리는 미덕이 되었다. 대한민국 통신 속도는 세계 최강으로 빠르다. 빠름을 추구하는 DNA를 숙명으로 타고났다는 점에서 우리는 디지털 정보통신 특화 민족이다.

1982년으로부터 40년이 지난 지금 대한민국은 예전과는 전혀 다른 나라가 되었다. 근대화에 뒤처져 옆 나라의 식민지로 전락했던 변방의 작은 나라가 압축 산업화를 통해 선진국을 따라잡고 전자정보통신의 시대에는 세계를 리드하게 되었으니 이것은 아무리 소박하게 말해도 '기적'이다. 역사는 자연과학적 필연과 확률적 우연의 결과물이다. 필연과 우연이라는 두 요소가 절묘하게 맞아떨어질 때 기적은 일어난다. 기적은 피와 땀을 동반하지 않으면 절대 일어나지 않는다. 땀에는 눈물이 없고 운에도 눈이 있는 까닭이다. 이 책은 그 기적의 시간을 정리한 것이다. 그리고 기적의 순간에 별처럼 빛난 사람들의 이야기를 담은 책이다. 우리가 기억해야 할 이름들을 담은 책이다. 정보통신 자체가 주인공이 될 수는 없기 때문이다. 소제목인 '별의 순간'은 미래를 결정하는 운명의 시간을 뜻하는 독일어 stern stunde에서 가져왔다. 특정 인물이 가장 주목받는 순간을 뜻하기도 한다.

주로 전화통신을 다루었지만 전신과 우편, 라디오와 텔레비전

등 굵직한 사건들도 같이 정리했다. 통신에 대한 전반적인 이해를 돕기 위해 앞부분에 통신 세계사를 몇 개 넣었는데 약술(略述)을 또 요약한 것이기에 한없이 부족하다. 독서의 진로를 방해한다고 느끼시는 분은 건너뛰셔도 내용을 이해하는데 전혀 지장은 없다. 학술 서적이 아닌 까닭에 기술 관련 부분은 꼭 필요한 내용이 아니면 깊게 들어가지 않았다. 그 부분을 기대하고 책을 펼친 분들에게 죄송하다는 말씀 올린다. 책을 쓰는 데 지원을 아끼지 않은 파이터치 연구원에 감사드린다. 도움을 주신 분들이 너무 많다. 일일이 다 감사 표시를 하는 대신 큰 절 한 번으로 때우는 무례를 용서해 주시기 바라며 바로 이야기를 시작하자.

제1부

조선, 통신을 시작하다

01
서러워라 근대화

근대화란 무엇일까. 그것은 '문명을 통한 인간 신체의 확장'이다. 근대화의 상징인 전신, 전화, 철도, 자동차를 떠올리면 이해가 쉽다. 보이지 않는 상대와 대화를 나누고(전화) 걸어서 며칠씩 걸리던 거리를 하루 만에 주파하거나 소식을 전하는(전신, 철도, 자동차) 것이 근대화다. 손으로 해서는 절대 불가능한 양을 생산하는(방적기) 것 역시 같은 맥락이다. 유럽은 이 근대화를 선취해 빈곤난만 가난한 대륙에서 일시에 세계를 움직이는 패권세력으로 올라섰다. 유사 이래 전 세계 GDP에서 항상 30% 이상을 차지해 왔던 중국은 환상 속에 살다가 제국이 무너졌고 운이 좋아 네덜란드 상인들과 접촉할 수 있었던 일본은 근대 문명의 세례를 받고 아시아의 새로운 맹주가 되었다. 그리고 아시다시피 우리는 그 나라의 식민지가 되어 문화를 전해주던 나라에서 쌀이나 보내주는 나라로 전락했다. 조선도 근대화의 노력을 아예 안 한 것은 아니다. 하기는 하였으되 너무 늦었고 일부는 강요된 것이었으며 나중에는 그 노력마저 강제로 중단해야 했다. 우편, 전신, 전화가 그랬다. 짜증나고 서글퍼도 우리 역사다. 알고 가야 지금의 영광도 더 신난다. 있는 것이라고는 고난과 절망뿐이던 140년 전의 조선으로 돌아가 보자. 이름 붙이자면 1세대 통신사(史)다.

통신역사 1세대, 우편의 주인공은 홍영식이다. 1855년(철종 5년)생으로 몸은 약했지만 머리는 좋아 18세에 대과에 합격했다. 역임했던 관직을 보면 규장각대제학, 협판교섭통상사무, 함경북도병마수군절도사, 병조참판 등으로 딱 조선시대 인물인데 그 시대 인간치고는 드물게 과학, 기술 친화 DNA가 있었다. 1881년 신사유람단 일원으로 일본 시찰을 떠났을 때 인터뷰할 주요부서가 육군성임에도 불구하고 홍영식이 찾아다닌 것은 우편사업 관련 시설과 인사들이었다(일본은 1871년부터 이미 우편 제도를 시행). 호기심과 열정으로 가득한 이 젊은이에게 일본 우편의 창시자 마에지마 히소카(前島密)는 꽤 깊은 인상을 받았던 모양이다. 말하기를, 중국에도 아직 우편이 없는데 조선이 중국을 스승으로 따르는 나라라 걱정하던 차에 댁 같은 사람을 보니 마음이 놓인다며 하루라도 빨리 조선에 우편을 개설할 것을 권했다. 1882년 홍영식은 우정사(郵程司) 협관 자리에 오른다. 교통과 체신업무를 관장하기 위해 설치된 관청인데 구체적으로 어떤 업무를 시행했는지는 기록에 남아있지 않다. 홍영식의 업무기록은 다른 쪽에 남아 있다. 미국과의 조미통상조약 체결과 일본과의 부산구설 해저전선조관(釜山口設海底電線條款) 체결이다. 해저전선은 부산과 나가사키를 잇는 것으로 홍영식은 일본 측 요구인 30년 독점권을 25년으로 깎았다. 5년이 큰 차이일리는 없고 일방적으로 상대의 요구를 수용하지 않은 체면 방어 정도의 의미였을 것이다. 1883년 7월 홍영식은 보빙사로 미국을 방문한다. 보빙이란 답례라는 뜻으로 1883년 5월 미국 공사 푸트가 조선으로 부임하자 고종이 외교적인 차원에서 파견한 것이다. 그는 일본을 방문했을 때와는 차원이 다른 충격을 받는다. 홍영식은 미국 대통령을 만나고 의사당도 구경했지만 역시 그의 관심사는 우편이었다. 뉴욕 우체국과 웨스트유니온 전신회사를 둘러봤고 미국 우정성을 방문해 당시 사용하던 우표와 편지봉투도 얻어왔다. 마음속에서 하루라도 빨리 조선에 우편을 실시할 것을 다짐한 것은 물론이겠다. 부푼 꿈을 안고 귀국했지만 그를 기다리고 있던 것은 난데없는 함북병마절도사 자리였다. 다행히 절도사 재임 기간은 길지 않았다. 1884년, 조선의 개화가 절실했던 고종은 우정총국을 설립하라는 전교를 내렸고 책임자는 당연히 홍영식이었다. 홍영식은 허치슨, 미야자키 등 외국인 고문을 고용했고 청사를 마련했으며 법령을 제정하는 한편 우표도 만들었다. 10월 1일 서울과 인천 사이에 최초의 우편 업무가 시작된다. 그러나 우정총국의 수명은 짧아도 너무 짧았다. 10월 17일 우정총국 개국 축하연을 기회로 김옥균을 비롯한 급진개화파가 정변을 일으킨다. 우정총국의 책임자였던 홍영식이 깊이 개입되어 있었던 것은 물론이다. 민중의 지지도, 군사적인 복안도 없었던 이들의 쿠데타는 사흘 만에 허무하게 진압된다. 발 빠르게 일본으로 망명한 김옥균과 박영효와는 달리 홍영식은 끝까지 고종을 옹위하다 청나라 군대에게 살해된다. 그의 나이 서른 살, 조선에 우편의 꽃을 피우려던 한 지식인의 허망한 죽음이었다. 홍영식의 아버지는 역적을 키웠으니 나라에 큰 죄를 지었다며 손자와 함께 독약을 먹고 자결했고 홍영식의 아내 역시 스스로 목숨을 끊었다. 가까운 일가 20여 명 역시 자결로 불충을 사죄했다. 그야말로 멸문지화를 가문에 선물한 셈이다. 쿠데타의 여파로 우정총국은 폐쇄됐고 조선은 다시 역참제(말을 갈아타고 소식 전달)로 돌아간다. 홍영식이 단견(短見)과 조급한 개혁 열정에 빠져들지 않고 우편 업무에 매진했으면 어땠을까. 뭐, 사정은 별로 나아지지 않았을 것이다. 이미 조선은 국운이 다해 스러져가는 나라였고 하나씩 주권을 외세에 내주고 있었으니까. 기질로 봐서 홍영식이 살아서 그 꼴을 봤더라면 화병으로 죽지 않았을까 싶다.

조선을 놓고 벌어진 청나라와 일본의 패권 다툼 중 하나가 전신이다. 선수를 친 건 청나라다(해저까지 치면 일본이 먼저). 1885년 4월 텐진조약으로 청나라와 일본이 공동 철수하자 조선은 일시적으로 힘의 공백상태에 놓인다. 유사시 빠르게 군을 투입하기 위해 전신이 필요한 것은 당연지사다. 그해 7월 청나라는 차관을 제공해 인천에서 서울을 거쳐 의주에 이르는 전신망 가설을 개시했다. 우리나라에서 최초로 건설된 전선인 '서로전선'이다. 1단계로 서울과 인천을 잇는 전선이 가설되자 청나라는 한성정보총국이라는 전보회사를 차려 차관 상환 전까지 직접 경영하겠다고 나섰다. 사람들은 이 회사를 중국이 운영한다고 해서 화전국(華電局)이라 불렀다. 전신망이 완성된 것은 이듬해인 1886년이었다. 구간 사이에 총 6천 개의 전봇대가 세워졌다. 문자만 보면 대략 아름다운 진행이다. 그러나 실상은 많이 달랐다. 건설 전 조선과 청나라는 '의주전선합동'을 체결했다. 이 조약은 처음부터 끝까지 사기이거나 협잡이었고 총체적으로는 날강도였다. 차관 액수는 은(銀) 10만 냥이었다. 조약에 따라 이 차관으로 가설을 했는데 청나라는 우리 정부의 수차례에 걸친 가설비 사용 내역 제시 요청에 한 번도 응하지 않았다. 이건 맛보기에 불과하다. 청나라는 이 사업이 적자라는 것을 기획 단계부터 알고 있었다. 당시 조선의 경제적인 상황에서 상업적인 목적으로 이 전신을 이용할 가능성은 거의 없었다. 그렇다면 남은 것은 조선과 청나라 사이의 관보(官報)인데 이는 무료로 해 놓았다. 그리고 적자가 예상되는 한성정보총국의 유지비를 조선에 떠안도록 조약에 명시했다. 1886년 한성정보총국의 연간수입은 5,200원이었다. 반면 연간 유지비는 1만 6,700원이었다. 이걸 조선 정부가 다 감당해야 했다. 싫다는데 억지로 돈 빌려주고 내역도 안 밝히고 자기들 멋대로 공사하고 유지비는 떠넘겼다. 정말 예술의 극치이자 국치(國恥)의 예술이다. 서로전선은 청일전쟁 이후 일본에 흡수된다.

예민해진 것은 일본이다. 1884년 일본과 체결한 부산구설 해저전선조관(釜山口設海底電線條款)에는 25년 간 이 해저 전선과 이익을 다투는 전선을 건설하지 않는다는 조항이 들어있다. 이를 가지고 일본 정부는 조선을 압박했다. 서로전선 건설을 당장 중단하라는 요구였다. 강압적으로 맺은 조약이었으니 억지 조항이 없을 리 없다. 머리 좋은 외무독판 김윤식이 이를 찾아내 조목조목 반박하자 일본은 한발 물러서는 대신 서울과 부산을 잇는 전신선 가설을 요구한다(외무독판은 구한말 통리교섭통상사무아문의 으뜸 벼슬). 목적은 뻔했다. 1883년에 가설한 해저전신선과 연결해서 일본까지 전신선을 잇겠다는 속셈이었다. 조선 정부는 즉각 답을 내놓지 않았다. 조선은 필요성도, 돈도, 기술도 없었다. 이때 끼어든 것이 청나라다. 자신들이 전선가설을 떠맡을 용의가 있다며 중재에 나서자 조선 정부도 더는 거절할 명분이 없었다. 조선 정부는 일본과 맺었던 부산구설 해저전선조관에 속약(續約)이라 하여 3개 항목을 추가하고 청나라에 전선 가설권을 주는 데 합의한다. 1888년 서울에서 공주, 전주를 지나 대구를 거쳐 부산에 이르는 전신선 공사가 완성된다. 장장 1,500리에 달하는 거리로 방향이 남쪽이라 남로전선이라고 했다. 1891년에는 서울에서 춘천 경유, 원산에 이르는 북로전선이 건설된다. 서로전선, 남로전선과는 달리 북로전선은 조선 정부가 직접 건설계획을 세우고 기술과 자금도 출자한 나름 독자적 전신선 건설 사업이었다(외국인 고문의 자문은 받았다).

갑신정변의 상처가 아문 1893년 고종은 다시 우편 사업을 재개한다. 역참제로 돌아간 10년 세월 동안 인천, 부산 항구에 설치한 일본 우편국이 활개를 쳤고 더 이상 자주적인 우편 사업을 방치할 수 없었던 것이다. 시작이 꼬여서 그랬을까 진행은 더디고 느렸다. 고종의 전교는 전신사업을 주관하는 전신총국을 전우(電郵)총국으로 개편해 우신(郵信)도 취급하라는 것이었다. 통신은 제국주의 침략과 밀접한 관계가 있다. 청나라와 일본은 마냥 보지 있지 않았다. 전우총국을 만들고 관련 법령을 제정하는 동안 청나라는 계속 해서 시비를 걸었고 진행이 지지부진한 가운데 1894년에는 갑오 개혁이 일어나 정부 조직이 사그리 바뀐다. 1894년 공무아문(공작·교통·체신·건축·광산에 관한 일을 맡아보던 관청)에 역체국(驛遞局)과 전 신국이 설치되는가 싶더니 이듬해에는 공무아문과 농상아문이 합 쳐지면서 사업의 관장기구가 농상공부 통신국으로 바뀐다. 이런 뒤숭숭한 상황에서 공무(公務)가 제대로 진행될 리 없다. 겨우 안정 을 찾은 1895년 6월 통신국에서 서울·인천 간 우편업무를 재개한 다. 그러나 통신사업은 제대로 이루어지지 않았다. 청나라와 일본 이 기반 시설을 장악하고 있었기 때문이다. 1896년 아관파천으로 조선 정부는 일본이 장악하고 있던 전신시설을 인수했고 1898년 에는 만국우편연합(UPU)에 가입한다. 1900년 1월에는 국제우체 를 실시했고 같은 해 통신국을 농상공부에서 분리해 통신원으로 독립시켰는데 통신원은 우신, 전신과 함께 특이하게도 선박과 해 운도 담당하고 있었다. 1905년 을사늑약으로 조선 정부의 외교권 이 날아간다. 이제부터는 더 이상 주권 국가가 아니라는 말씀이다. 1906년 통감부(統監府)가 설치되면서 산하의 통신관리국이 통신원 의 토지와 건물을 접수했고 얼마 안 가 통신원 관제까지 폐지된다. 복잡하게 써놨지만 간단히 말하자면 피기도 전에 싹이 날아갔다 는 얘기다.

우편, 전신에 이어 전화를 소개할 차례다. 우리나라에서 전화를 처음 사용한 사람은 김윤식이다. 그는 1881년 2월 유학생과 장인 38명을 이끌고 영선사로 중국 텐진을 방문했는데 선진 문물 특히 무기 제조법을 배우고 미국과의 수교문제를 사전 조율하는 것이 주요 목적이었다. 이때 김윤식은 텐진 전기국을 시찰하면서 전화를 처음 보고 통화까지 해본다. 그의 일기를 보면 귀에 대고 들으니 말하는 것을 겨우 알아들을 수 있었다, 라고 되어 있어 감도는 별로 좋지 않았던 모양이다. 전화기는 유학생 중 하나인 상운(尙澐)이 1882년 귀국할 때 두 대를 가지고 들어온 것으로 되어 있다. 상운은 전기창(電氣廠)에 배속되어 기술을 배웠는데 청나라 관리가 작성한 학습 성적표를 보면 모르는 것이 있으면 수시로 묻고 이를 기록하여 전신원리는 어지간히 터득하였으며 스스로 만들어 시험하는 데에도 한 치의 오차도 없다며 칭찬을 아끼지 않고 있다. 상운은 전화기 외에도 전종(電鐘) 두 개와 120미터 길이의 전선 등 단거리 전화 통화에 필요한 스무 개 전기 기구도 함께 가져왔고 기록에는 남아 있지 않으나 고종 이하 정부 관료들의 지켜보는 가운데 실험 통화를 했을 것으로 추측된다. 이 전화기는 같은 해 일어난 임오군란 때 유실된다. 전화가 다시 기록에 등장한 것은 1893년 11월이다. 정부는 궁내부(왕실, 궁궐 업무 전담)가 사용하기 위해 일본 동경에서 들여오는 전화기에 세금을 물리지 말 것을 지시했다. 이듬해 전화기가 인천항에 도착한다. 여기서부터 이야기가 여러 갈래로 복잡해진다. 이미 전화를 비공개로 사용하고 있는데 새로운 기종이 나와 그걸 들여왔다는 얘기인지 전화선 가설만 마친 상태에서 전화기를 들여왔다는 얘기인지 해석이 엇갈리기 때문이다. 게다가 체신부(정보통신부의 전신)가 1985년 펴낸 '한국 전기통신 100년사'는 "1894년 좌절된 궁내부 전화의 가설은 4년이 지난 1898년에 이르러 비로소 그 실현을 보게 되었는데, 그간의 경과는 분명하지 않다"라는 문구와 "1896년 10월 2일 궁내부 행정전화 개통"이라는 구절이 혼재하고 있다. 한동안은 1898년이 대세였고 궁내부의 전화 통화 기록인 1898년 1월 28일을 최초로 소개하는 경우가 많았다. 그러나 외무아문의 후신인 외부의 업무기록 외기(外記) 1898년 1월 24일자를 보면 인천 감리서의 조광희라는 관리가 여러 나라 군함들의 출입국을 전화로 보고한 내용이 적혀있다. 1월 28일보다 나흘이 빠르다. 그럼 1월 24일이 최초인가. 또 있다. 1897년 12월 5일에 궁내부가 고종에게 올린 '전화기 가설 유공자' 명단이 있다. 이 명단은 인산시별단(因山時別單)이 작성했는데 인산은 장례식을 말하는 것이니 그 전달인 11월 22일 명성황후 장례식을 말하는 것이다. 당일 바로 전화를 가설했을 리는 없고 이전에 쓰던 것을 장례용으로 썼을 것이니 전화 개통 및 통화는 또 그 이전이라는 얘기가 된다. 해서 최초의 전화 개통일은 정확히 알 수 없다가 결론이다. 어쨌든 1898년 1월 24일이나 1월 28일은 절대 아니다. 개인적으로는 상운이 전화기와 통신 관련 부속 일체를 들여온 1882년이 더 타당하지 않나 싶다.

초창기 전화 예절은 깍듯함을 넘어 거의 엽기 수준이다. 복장을 단정히 가다듬은 후 전화기 앞에서 두 손을 맞잡아 머리 위로 쳐들어 예를 갖춘 후[읍(揖)이라고 한다] 통화를 시작했다. 바로 용건을 말하는 것도 아니다. 일단 자신의 직함, 품계에 이어 본관과 성명까지 말한 뒤 전화를 받는 사람이 속한 부서의 판서, 참판, 참의의 안부를 물은 다음 서로 상대방의 부모님 안부까지 챙기고서야 용건을 말했다. 신하가 임금에게서 걸려온 전화를 받을 때에는(미리 내시를 통해 통보한다) 의관을 정제하고 전화기를 향해 큰 절을 네 번 한 후 엎드려서 전화를 받았다. 고종은 전화를 애용하고 (표현이 좀 이상하지만) 신뢰했다. 갑신정변이 일어난 1882년부터 고종은 사람을 잘 믿지 않았다. 중요한 일은 꼭 전화로 당사자에게 지시하고 물었다. 사방에 대한 불신 외에 정변으로 얻은 고종의 병이 불면증이었다. 밤 11시 쯤 잠자리에 들어 한 시간 남짓 눈을 붙이고 다시 깨어 새벽까지 정사를 보았고 날이 새면 침소에 들었다. 한마디로 밤이 무서웠다는 얘기다. 덕분에 정부 관리들도 낮에는 자고 밤에 등청하는 진풍경이 펼쳐졌다. 일설에는 양어머니이자 자신을 왕으로 만들어 준 조대비(신정왕후 조씨)가 사망했을 때 조대비의 묘가 있는 동구릉까지 임시로 지선을 연결해 아침저녁 전화로 곡을 했다는데 조대비 사망일이 1890년 4월이라 신빙성은 떨어진다. 상대와 통화할 일은 없었으니 실제 통화가 되던 말든 전선에 전화기만 연결해 일방적으로 곡을 했을 수는 있겠다. 1907년 헤이그 밀사 사건으로 왕에서 밀려난 고종이 덕수궁에 은거하고 있을 때 창덕궁에 기거하던 순종이 아버지에게 하루 네 차례 문안을 올린 것도 전화기를 통해서였다. 고종이 승하했을 때 순종 역시 아버지처럼 묘에 대고 전화로 곡을 했다. 순종이 상복을 입고 엎드려 절하면 내시가 황제의 입에 전화기를 갖다 대는 식이었는데 이때 능참봉이 전화기를 봉분 앞에 대면 왕과 신하들이 합창으로 울었다. 고종의 전화가 사형 직전 백범을 살린 것은 유명한 일화다. 승지 한 사람이 이미 임금의 재가가 난 사형수들의 서류를 뒤적이다 살인의 이유로 '국모보수(국모의 복수를 위해서)'라는 문구가 적힌 것을 보고 고종에게 보여주어 집행을 멈추었다는 에피소드다. 기록들 사이에 약간의 시차가 있긴 하지만 앞뒤로 타당한 구석이 있으니 지어낸 이야기로 무시할 필요는 없겠다. 다만 백범이 죽인 것은 군인이 아니라 상인이었으며 이 때문에 조선 왕실은 꽤 많은 돈을 일본에 배상해야 했다.

국내 최초로 장거리 전화를 개설한 회사는 인천에 있는 세창양행이었다. 세창양행은 독일인 마이어가 설립한, 함부르크에 본사를 둔 회사로 우리나라 최초로 신문광고를 낸 것으로도 유명하다. 1886년 2월 22일자 한성주보에 실린 광고의 헤드 카피는 '덕상세창양행고백(德商世昌洋行告白)'이었다. 덕상은 독일 상인이라는 얘기고 고백은 광고가 없는 시절이라 붙인 명칭이다. 광고 내용은 호랑이, 수달피 등 각종 가죽을 사들이고 자명종, 뮤직 박스 등을 판매한다는 것이었는데 '아이나 노인이 오더라도 속이지 않을 것입니다'라는 광고의 마지막 문장이 재미있다. 고백처럼 양심껏 사고팔아 장사가 잘 됐는지 세창양행은 인천에 있는 조선 본사와 강원도 소재 당현금광과의 통화를 위해 대한제국 정부에 전선가설을 요청한다. 7,500원이라는 거금을 들여 가설했지만 5개월 후 전화세 250원을 납부하고 자진 철거했다. 통화 상태가 너무 나빴기 때문이다. 초창기 전화의 감도는 최악이었다. 통화음은 귀뚜라미 우는 소리 같아서 귀가 어두운 사람은 상대방의 말을 알아듣기 힘들었다. 동선이 아니라 철선에다가 전신용으로도 같이 썼으니 잡음이 심한 것은 당연한 일이었다.

관용(官用)이 아닌 일반인들이 쓸 수 있는 공중전화는 1902년 3월에 개통됐다. 한성과 인천 사이였는데 시외전화가 시내전화보다 먼저 개통된 것은 당시 '시내'라는 게 그리 넓지 않았고 전화가 지방과의 통신에 더 유용했기 때문이다. 통화를 원하는 사람들은 오전 7시부터 오후 10시까지 한성과 인천의 전화소로 나와서 통화를 했다. 그러나 요금이 너무 비쌌다. 5분간 50전이었는데 관청 고용원의 일당이 80전이었으니까 상당히 부담 가는 액수였다. 요금은 통화 전에 납부하고 일단 납부된 요금은 환불 불가, 통화 중에 불온한 언어를 사용하거나 서로 언쟁할 경우에는 전화소에서 통화를 중단시킬 수 있었다. 같은 해 6월 한성전화소(1902년 설립. 교환시설을 갖추고 있다)가 자석식 교환대 100회선을 설치해 시내전화 교환 업무를 시작했다. 최초의 가입전화다. 처음 가입자 수는 2명이었다. 이듬해에는 23명으로 늘었다. 1903년 서울과 인천 사이에 일반 시외전화가 개통된다. 대한천일은행 본점과 인천지점을 연결하는 것이었다. 통화료는 분당 50전이었는데 전화가 걸려오면 호출 대상자가 집에서 뛰어와 받아야 했다. 전화기와 대상자의 집 사이 거리를 계산해서 1리에 2전씩을 추가로 받았다. 당시 보급된 자석식 전화기는 오늘날의 유선 전화와 동일한 원리다. 음성을 전기 신호로 바꿔 전송하고 이 신호를 다시 음성으로 재생하는 것이다. 송수화기 모두 전자석극 근처에 있는 얇은 철판을 진동할 수 있도록 설계했다. 음성이 진동판을 울리면 유도 전류에 의해 수화기 끝에서 음성이 재생된다. 전화의 기술적인 이해가 이 책의 목적이 아닌 만큼 설명은 이 정도에서 줄인다. 자석식 전화기가 남긴, 오늘날까지도 사용되는 표현이 있다. 전화를 '건다'라는 말이다. 우리는 아무도 전화를 하면서 거는 행동을 하지 않는다. 그럼 대체 뭘 어디에 건다는 얘기인가. 당시 전화기의 구조를 알면 쉽다. 전화를 하려면 먼저 송수화기를 걸쇠에 걸고 왼손으로 전화기를 잡은 후 오른손으로 바깥쪽 손잡이를 돌렸다. 그러면 전화기 안의 자석이 전기를 일으키고 그 전기가 전화국 교환대의 벨을 울려 교환수를 부르는 것이다. 해서 전화 거는 일의 첫 동작이 송수화기를 '거는' 것이었다. 말의 습관은 무섭다. 자석식 전화기 다음으로 등장한 공전식 전화기는 수화기를 들면 바로 교환원과 연결된다. 그러나 '든다'는 표현은 생기지 않았다. 한동안 다이얼을 돌렸지만 역시 건다라는 표현은 살아남았다. 누르는 현재도 우리는 전화를 '건다'고 말한다.

1세대 통신사는 로맨틱한 일화로 마무리한다. 전화교환원 하면 대부분 여성을 떠올리지만 초기 전화교환원은 남자였다. 여자 교환원으로 바뀐 것이 언제인지는 기록에 없지만 한성전화소에 관한 기록을 보면 여자 교환원이 등장한다. 얼굴이 보이지 않으니 목소리는 더 신비롭고 흥미로웠을 것이다. 꾀꼬리 같은 목소리를 가진 여성 교환원은 인기가 많을 수밖에 없었고 그 대표적인 것이 의

친왕과 홍정순의 러브스토리다. 궁중 전화교환원으로 일하던 홍정순은 의친왕의 전화를 종종 연결했는데 자주 목소리를 듣다보니 목소리만큼 얼굴도 고울까 궁금증이 생겼고 결국 이 호감이 발전한 끝에 홍정순은 의친왕의 후궁이 된다. 두 사람 사이에는 생산이 많았고 '비둘기 집'이라는 동요인지 가요인지 모호한 아름다운 노래를 부른 이석이 둘 사이의 11번째 아들이다.

간추린 초기 세계 통신사 1

-현대 문명의 시작, 전기-

위대한 일은 대부분 사소한 것에서 시작된다. 1832년(조선 순조 32년) 프랑스 유학을 마치고 귀국하던 미국인 새뮤얼 모스는 배 안에서 인생을 바꿔 줄 인물을 만난다. 과학자인 찰스 토머스 잭슨 박사였는데 그는 전자석과 전기 현상에 해박한 지식을 가진 사람이었다. 전깃줄만 있으면 전기를 먼 곳까지 전달할 수 있고 전류를 흘려보낼 때 전선 끝에 연결된 금속판이 자기장에 의해 붙었다 떨어졌다 하며 소리를 낸다는 이야기를 듣는 순간 모스의 머릿속에 환하게 불이 들어왔다. 전류를 흘려보낼 때 규칙을 정해 전류를 잇고 끊는 것에 차이를 두면 다양한 신호를 만들 수 있지 않을까. 그는 그 즉시 스케치북을 꺼내 떠오르는 대로 부호를 써내려갔다. 세계 통신사의 변곡점, 모스 부호가 탄생하는 순간이었다. 전기의 발견은 아주 오래 전이다. 기원 전 600년, 탈레스라는 철학자가 보석의 일종인 호박을 털가죽으로 닦다가 작은 물체가 호박에 달라붙는 것을 보고 전기의 존재를 발견했다. 탈레스가 주목한 이 신기한 현상에 2,000년 후 영국의 의사 길버트가 '전기(electricity)'라는 이름을 붙였고(그리스어로 호박을 일렉트론이라고 한다) 그것을 어떻게 사용할 수 있을지 과학자들이 고민하던 중 난데없이 화가인 모스가 전기 에너지의 활용을 통신 쪽에서 찾아냈으니 기술사(史)의 전개가 새삼 오묘하다. 그가 부호(메시지)를 멀리 보내는 방법에 바로 관심을 보인 것은 개인사와 관계가 있다. 워싱턴에서 미국 독립전쟁의 영웅 프랑스 라파예트 후작의 초상화를 그리고 있을 때 모스는 아내가 아프다는 내용의 편지를 받았다. 그는 즉시 코네티컷의 집으로 돌아왔지만 아내는 이미 세상을 떠나고 장례식까지 치룬 뒤였다. 아내의 임종을 지키지 못한 것을 내내 마음에 두고 있던 모스였기에 '아프다'와 '사망했다' 사이의 시간적 간극을 좁힐 수 있는 잭슨의 이야기가 바로 와 닿았던 것이다. 미국으로 돌아온 모스는 미술 대학 교수로 취임했지만 본업은 뒷전이고 전신장치 개발에 매달렸다. 5년 후인 1837년 발명특허를 출원했고 500미터 떨어진 거리에서 전신을 주고받는 일에 성공했다. 1843년 그 길이는 워싱턴과 볼티모어 사이의 60킬로미터로 늘어났다. 1844년 5월 1일 모스는 완성된 전신선을 이용해 볼티모어에서 열린 휘그당 전당대회 결과를 워싱턴으로 타전했다. 그가 전신을 보낸 지 64분 후 그가 보낸 것과 같은 내용을 적은 '종이'가 기차에 실려 워싱턴에 도착했다. 이 기술은 순식간에 세계로 퍼져나갔고 모스는 부자가 되었다. 1848년에 3,200킬로미터이던 전신선은 1850년 1만 9,000킬로미터로 늘어났다. 1851년(조선 철종 2년) 영불해협에 해저케이블이 부설된다. 30킬로미터 남짓한 거리다. 프랑스 어부가 낚시하다 케이블을 걸어 올렸고 신기해서 집으로 가지고 왔다. 당연히 통신 두절. 1858년(조선 철종 9년) 미국인 사이러스 필드가 영국과 미국을 잇는 대서양 횡단 해저케이블 부설에 성공한다. 3,000킬로미터가 넘는 거리였다. 영국의 해저케이블은 1871년(조선 고종 8년) 나가사키까지 뻗었고 1910년대 전 세계 전신망의 80%는 영국이 설치한 것이었다. 대영제국 번영의 기반은 '해저케이블'에 의한 전신망이었다.

*중요한 연도마다 조선 시대 연호를 부기한 것은 우리가 얼마나 세상과 따로 놀았는지를 알려드리기 위해 적은 것이다. 얼마나 늦게 출발했는지 그리고 현재는 어떤지를 비교하기 위한 것이라 비하의 의미는 전혀 없다.

**모스 부호에서 쓰이는 CQD와 SOS는 둘 다 구조 신호다. CQD는 1904년에 만들어졌는데 Come Quick Danger의 약자다. SOS는 1908년 독일에서 만들어졌다. Save Our Souls(혹은 Save Our Ship) 등으로 알려졌지만 전혀 관계없다. 모스 부호에서 가장 단순한 조합인 . . . _ _ _ . . . 인데 단점(...)과 장점(_ _) 3개로만 구성되어 아무리 상황이 다급해도 헛갈리거나 잊어버릴 위험이 없다. 1908년부터 공식적으로 쓰이기 시작했다.

***가설(架設)과 부설(敷設)을 구분해서 썼는데 보통 용례가 가설의 경우 '전깃줄이나 전화선, 교량 따위를 공중에 건너질러 설치함'이고 부설은 '다리, 철도, 지뢰 따위를 설치함'이기 때문이다. 해서 높이 건너질러 설치하는 전신망은 가설로, 해저에 심는 전신망은 부설로 표기했다. 설치했다, 시설했다는 말로 통일해도 무방할 것 같기는 하다.

****대서양 횡단 해저케이블을 통해 처음 전달된 전문은 영국의 빅토리아 여왕이 미국 뷰캐넌 대통령에게 보낸 것이었는데 전달 완료까지

18시간이 걸렸다. 길어서가 아니라 당시 통신망의 속도가 1분에 0.1단어(문장 전체를 쪼개면 이렇게 나온다)밖에 보낼 수 없었기 때문이다. 2017년 구글이 자체 부설한 대서양 해저케이블은 디지털화된 의회 도서관 전체용량을 1초에 3번 전송할 수 있다.

02

일제 식민지 시대와 해방 공간의 통신 역사

사실상 조선을 집어삼킨 1905년 이후 일제의 통신 정책은 수탈과 효율적인 지배를 목적으로 진행된다. 1906년에서 1907년까지 일제는 서울·춘천, 서울·평양, 부산·마산, 부산·대구, 개성·해주, 충주·강릉선 등 시외전화망을 대거 확충했다. 일본인 대량 이주에 따른 수요 급증이 주된 이유였지만 항일 의병 활동의 관리 및 대처를 위해서도 전화는 필수였다. 청일전쟁과 러일전쟁에서 승리하면서 일제는 국제 통신시설에도 눈을 돌린다. 만주와 한반도 그리고 일본을 연결하는 통신 설비가 정치적, 군사적인 목적으로 가설된다. 국제전신시설을 보면 1914년 러시아 및 유럽과의 통신을 위해 러시아와 약정을 맺고 청진에서 블라디보스톡으로 연결되는 직통회선을 구성했다. 이듬해 이 직통회선에 연접(連接)해 서울·블라디보

스톡 직통선을 개통했다. 1937년에는 중일전쟁을 효과적으로 치루기 위해 서울·봉천선과 동경·봉천선을 구성했다. 지배와 전쟁, 그게 일제 통신사업의 본령이었다. 국제전화 역시 마찬가지. 1932년 부산·시모노세키 사이에 직통전신용 해저선을 사용한 장거리 전화회선을 구성하여 한·일간 국제통화를 시작했으며 1933년에는 부산과 대마도 사이에 전화용 해저케이블을 포설했다. 1933년에는 '내선전화통화규칙'을 시행했는데 통화국에 대화자를 미리 불러다 놓고 통화했고 요금은 통화료 외에 부산과 시모노세키에 연락료와 수미료(首尾料, 단말국에 귀속하는 계산요금의 부분)를 별도 부과했다. 일본군이 점령한 남방지역과의 통화는 1944년 9월부터 개시했으며 경성중앙전화국과 마카사르(인도네시아)를 동경전화국에서 중계했다. 사용 언어는 일본어만 가능했고 같은 해 10월부터는 마닐라와도 국제전화가 연결되었다. 비록 식민통치 수단이기는 하였으나 전기통신사업 자체는 계속 확장된다. 물론 관용 통신과 일본인 편의시설이다. 전화 가입 추세를 보면 1906년 2,362대가 10년이 지난 1916년에는 1만대를 넘겼다. 조선인 전화가입자는 1906년 101명에서 1916년 677명으로 늘어났으나 같은 시기 일본인 가입자 9,190명에 비하면 한참 부진이다. 가입자 수는 계속 늘어 1923년에는 2만 명, 1936년에는 4만 명, 1941년에는 6만 명이 되었다. 꾸준히 늘어나던 가입자 수는 태평양 전쟁의 여파로 위축되었고 전시지원체제 강화에 따른 헌납으로 전화기까지 내놓아야 하는 상황이 되면서 통신사업은 사실상 중단 상태에 들어간다. 패전이 임박하자 일제는 일체의 서류를 소각하기 시작한다. 체신국 소관 전기통신 사업 기록 일체도 불꽃 속으로 사라졌으니 근세 통신사의 영구 유실이다. 식민지 시대 통신에 대해 설명이 부실할 수밖에 없는 이유인데 해서 통신과 관련된 이야기들은 언론이나 대중매체를 통해 엿볼 수 있다.

무인 전화 부스에 설치된 전화기에 동전을 넣고 전화를 사용하는 진짜 공중전화가 등장한 것은 1910년대 초였다. 부정 주화 사용, 전화기와 전화 요금함 도난 사건이 사회 문제로 떠올랐다. 초창기 전화는 부와 권위의 상징이었다. 1920년대 들어서면서 거기에 더해 신용의 상징이 되었다. 상점 간판에 전화번호가 없으면 신뢰할 수 없는 가게 취급을 받았다. 1923년 일제는 경성우편국에서 전화교환 업무를 떼어내 경성중앙전화국을 신설한다. 증가하는 전화가입자와 전화 관련 업무 때문이었다. 1924년 경성의 전화가입자는 5,969명이었다. 이중 일본인이 4,875명으로 전체의 82%를 차지했다. 조선인은 951명, 외국인도 143명 있었다. 당시 언론에서는 문명의 이기를 설비하는 비용과 노력은 조선인이 하고 이용은 일본인이 한다며 울분을 터트리기도 했다(제국주의가 다 그렇지 뭐). 1928년 전화 보급률은 조선인의 경우 1,000명당 1.5개였다, 일본은 56개였는데 이는 일본 본토보다 높은 수치였다. 전 국민이 참 한가하고 심심했던 1970년대에 장난전화라는 질 나쁜 놀이가 있었다. 아무 번호나 내키는 대로 걸어 사람이 받으면 이상한 얘기를 하거나 말없이 가만히 있다가 끊는 장난이었는데 이게 이미 일제시대부터 있었다. 신문 보도에 의하면 1925년 2월 경성의 한 식당에 전화가 걸려와 오늘 밤 네 명의 강도가 집으로 갈 것이다 경고를 했고 주인은 경찰에 신고했다. 장난전화임이 밝혀졌지만 주인은 가슴을 쓸어내려야 했다. 전화는 범죄에도 쓰였다. 수업 중인 여학생을 집에서 전화가 왔다고 불러내 살해한 사건이다. 1926년 2월 전북 전주에서 일어났고 범인은 잡히지 않았다. 그 외에도 전화를 이용한 일제시대 스타일 보이스 피싱도 있었고 왕실 사칭 사기도 있었으니 사람의 나쁜 생각은 다 비슷한 모양이다.

1945년 8월 15일 조선이 해방된다. 조선인들은 기세등등해졌고 일본인들은 재산과 생명에 위협을 받았다. 얼마라도 챙겨 본토로 달아난 일본인들은 자신의 조국에서 차별을 받았다. 패전으로 제 몸 하나 제대로 건사하기 어려운 마당에 입이 늘었으니 이들을 바라보는 본토 일본인들의 시선도 싸늘했다. 일본 정부가 숙소라고 내준 곳은 맨바닥에 가마니 덜렁 한 장 깐 외양간 같은 곳이었다. 그거야 뭐 일본인들 사정이고 우리 입장에서 보면 어쨌거나 식민지배에서 벗어났고 일본인들의 재산은 당연히 수단 있게 챙기는 사람의 것이 되었다. 이건 사적인 영역이고 공적인 영역은 이보다 조금 더 복잡했다. 일제가 패망하자 총독부 산하 조선인 체신종사자들은 긴급회의를 열었다. 새 정부가 수립될 때까지 직장을 지키는(솔직히는 제 밥그릇) 것이 목적이었다. 이들은 체신국 조선인들 중 가장 직급이 높았던 길원봉을 리더로 하여 재경 체신종업원회의를 열어 체신확보위원회를 결성하고 세 가지 목표를 의결했다. 사업경영권 인수, 사업재산 확보 그리고 일본인 종업원의 부정행위 방지와 동태 감시였다. 나라가 망한 거는 망한 거고 자신은 살아야 했기에 공적 영역에 종사했던 일본인들은 조직과 단체에서 하나라도 더 빼돌리려고 혈안이 되어 있었다. 체신국도 마찬가지. 이들은 혼란을 틈타 자재와 비품을 몰래 챙기고 운용비 등 사업예산을 탈취했다. 일본인 고위간부들이 부산우체국에 모이는 과초금(過超金, 우체국의 보유액이 많을 때 더 큰 우체국으로 보내는 돈)에서 훔친 78만원을 은닉해두었다가 일본으로 반출 직전 발각된 사건이나 총독부 체신국장이 사업예산 750만원을 횡령하려다 체포된 사건 등이 대표적이다.

일본인들이 반관반민(半官半民) 성격의 '특정우편국'을 팔아치우려는 시도 역시 체신확보위원회의 중점 관리 대상이었다. 한일합방 이후 일제는 우편국과 우편소 그리고 전신취급소로 통신기관을 개편했다. 우편국은 시설비와 운영비가 많이 드는 규모가 큰 통신시설을 말하고 우편소는 주로 지방에 있는 상대적으로 작은 시설을 말한다. 업무로 보자면 전자는 전신전화업무까지 취급하고 후자는 취급하지 않았다. 우편업무는 늘어나는데 재정은 긴축을 해야 하는 상황에서 1923년 조선총독부 체신국은 청원통신시설제도(請願通信施設制度)를 시행한다. 민간인에게 통신기관을 설립할 자격을 주고 국가에서 일정한 운영비를 지급하는 제도였다. 청원통신시설제도가 실시되면서 우편국 수는 감소하고 우편소는 늘기 시작한다. 1923년의 전국의 우편국 수는 126개국이었으나 태평양전쟁이 발발한 해인 1941년에는 89개국으로 준다. 반면 우편소는 그 기간 동안 495개소에서 954개소로 증가했다. 1941년 일제는 우편국과 우편소의 명칭을 우편국으로 통일한다. 그때 우편소를 기존의 우편국과 구분하기 위해 붙인 명칭이 특정우편국(特定郵便局)이었다. 오늘날 별정우체국의 전신으로 별정우체국 이야기는 나중에 다시 나온다. 1945년 해방 당시 남한에 있던 692개 우편국 중 651개국이 특정우편국이었다. 그리고 특정우편국의 3분의 2 가량이 일본인 소유였으니 체신확보위원회 입장에서 이를 관리하는 것은 중요한 업무였을 것이다. 체신확보위원회는 체신국

재산은 모두 우리 민족의 소유라는 원칙을 가지고 이를 관리했다. 서울에 미군이 진주한 게 9월 9일이다. 미군은 20명의 병사를 중앙전화국에 파견하여 일본군 경비병과 교체했다. 일본인들은 미군의 환심을 사기 위해 미군들을 초대해 향응을 베푼다. 이게 체신확보위원회의 귀에 들어갔고 체신확보위원회는 없어진 비품 등을 일본인 책임자에게 배상하게 할 것과 일본인 직원들에게 지급한 특별상여금 반납, 미군 접대비용 반납 등을 요구했다. 일본인들이 관련 회계문서를 모조리 소각한 결과 정확한 금액을 계산할 수는 없었지만 일부는 회수할 수 있었다. 일본인 국장에게서 사무인수를 끝낸 것은 12월 16일이었다.

1945년 9월 9일 서울에 입성한 하지 중장은 재조선 미국 육군사령부 군정청(이하 군정)을 선포했고 일본인 해군 대표 고즈키 요시오, 육군 대장 출신의 제9대 조선총독부 총독 아베 노부유키로부터 항복 문서에 서명을 받았다. 조선총독부 해체, 일본군 12만의 무장 해제에 이어 일장기가 내려졌다. 9월 19일 군정장관에 아놀드 소장이 임명되었다. 군정의 초대 체신국장은 헐리히 중령이었다. 헐리히 중령은 통신과 및 공무과에 미군 책임자를 임명했고 모든 직원의 정상 근무, 일본어 문서작성 허용 등의 지시를 내렸다. 체신국의 일본인 간부들이 해임된 것은 10월 16일이었다. 그 자리는 조선인들에게 돌아갔다. 1946년 3월 헐리히의 후임으로 파슨즈 대령이 취임했고 체신부장 길원봉과 함께 '신제사무분장규정'을 공포한다. 규정에 따라 체신부는 총무국, 우무국, 전무국, 저금보험국, 재정국, 자재국, 체신학교로 개편된다. 일제가 금지했던 한글 전보가 재개되었고 신우표를 발행했으며 새 일부인(日附印, 편지봉투와 엽서에 찍혀 있는 날짜와 발신 우체국의 소인)을 사용하기 시작했다. 군정청 체신국은 남한의 전화교환국 복구 작업에 착수했고 교환시설 현대화를 추진했으며 한국인 기술자에게 미국식 기술을 가르쳤다. 1948년 무렵에는 상당한 수준의 복구와 개량 그리고 기술 인력 자원이 확보되었다.

해방정국 초반은 공산당의 전성시대였다. 남로당은 조직적으로 미군정에 반발하며 정치 공작과 파괴활동을 일삼았다. 1946년 무렵 이들의 주요 파괴 대상은 통신시설이었다. 통신시설을 마비시켜야 경찰 작전이 무력화되고 더 큰 파괴공작에 나설 수 있었기 때문이다. 영남과 호남 지방의 전선들이 무차별하게 잘려나갔다. 10월 22일에는 서울 전역의 통신시설 마비 획책 기도가 있었으나 다행히 사전에 들통나 큰 위기를 넘기기도 했다. 남로당은 기관마다 당원들을 침투시켜 포섭에 나섰다. 특히 통신 분야에 종사하던 많은 인력들이 좌익으로 넘어갔다. 1947년에는 네 차례에 걸쳐 체신부 내 남로당 비밀 요원 150여 명이 검거 혹은 체포된다. 1948년 2월 통신시설에 대한 역대 최대의 파괴난동이 벌어진다. 흔히 2·7 사건이라 불리는 것으로 남로당은 서울, 대전, 대구, 군산 등 전국 각지 체신관서를 습격하여 통신 기계를 파괴하고 전화회선을 절단하여 남한의 통신망을 마비시켰다. 5·10총선을 앞두고 남로당은 총력전을 펼친다. 총선거 이틀 전인 5월 8일부터는 통신시설은 물론이고 업무 관련자 살상, 기관차 탈취 등 다방면에서 무자비한 테러를 가했다. 5·10총선 후에도 남로당의 난동은 멈추지 않는다. 5월 23일에는 영등포중계소가 불탔고 6월 3일에는 천안과 대전에서 지하케이블이 절단된다. 피해규모는 전화선 절단이 563건, 전주 절도가 497건, 통신기구 파괴가 14건으로 제대로 된 통신이 불가능할 정도였다.

1948년 5월 10일 남한 단독 총선거가 실시된다. 이를 통해 제헌국회가 소집되고 7월 17일에는 헌법이 공포된다. 헌법에는 통신자유권이 들어있었는데 이는 사생활의 비밀과 인권을 보호하기 위한 조치로 통신 역사에서는 주목할 사안이 되겠다. 대한민국 국회가 공포한 정부조직법에 따라 11개 부가 설치되었고 초대 체신부 장관에는 독립운동가 출신의 정치인 윤석구가 임명된다. 여기에는 사연이 좀 있다. 원래 예정했던 정부 부처는 10부였다. 1947

년 미군정에서 이름만 바꾼 남조선과도정부의 13개 부를 통합한 것이었는데 체신부와 운송부를 합쳐 교통체신부라는 이름을 붙였다. 통합을 놓고 과도정부 시절 체신부 직원들의 의견은 반으로 갈렸다. 체신부 6개 부서 중 우무국, 전무국, 저금보험국 업무를 보던 직원들은 찬성이었다. 통합되어도 자기 업무는 그대로다. 반면 총무국, 재정국, 자재국은 업무 특성상 어느 부서로 밀어 넣어도 상관이 없으니 소속이 없어지고 자리도 불안해진다. 당연히 결사반대였다. 전체적인 분위기 통합으로 흘러가는 가운데 총무국장 박상옥과 자재국장 최재호가 국회에 로비를 시작한다. 최재호는 일본의 예를 들어가며 교통과 체신의 분리를 강조했다. 반대파가 움직이기 시작하자 찬성파도 국회로 몰려갔다. 승자는 더 결사적이었던 반대, 분리파였다. 논리도 명확했다. 분리를 지지했던 의원 김웅진은 운송이 발이라면 체신은 입과 귀인데 이걸 어떻게 합치겠냐며 반대파를 설득했다. 윤석구의 초대 체신부 장관도 순탄하게 진행되지는 않았다. 후보는 둘이었다. 해방 당시 체신확보위원회 위원장이자 과도정부 체신부장인 길원봉이 먼저 물망에 올랐다. 그는 경성제대 졸업생으로 청렴하고 내부의 신망이 두터웠다. 반면 윤석구는 독립운동가 출신이기는 하였으나 체신과는 무관한 인물이었다. 장관 자리는 전문적인 능력이 아니라 정치적인 고려에 의해 결정되었다. 제헌국회에는 무소속이 제일 많았고 윤석구는 무소속 의원 모임의 간사였다. 장관 윤석구가 국회 본회의에서 발표한 체신부 시정방침은 통신의 자주권 확립, 국내 통신사업 정비 확충, 통신에 관한 기계, 기구 공업의 시급한 창설과 기술원 양성 등 3가지였다. 윤석구는 장관이 된 이후에도 김구의 경교장을 자주 드나들다가 이승만의 눈 밖에 나 10개월 만에 자리에서 내려온다. 후임은 길원봉이 아니라 말 잘 듣고 착한 장기영이었다. 얼마 후 6·25전쟁으로 한반도 내 거의 대부분의 통신망이 사라진다.

간추린 초기 세계 통신사 2

전기 신호를 주고받을 수 있게 되자 인류의 과학적 탐구심에 본격적으로 발동이 걸린다. 바로 인간의 목소리를 전달하고 목소리를 재생할 수 있는 방법과 장치의 개발이다. 전화와 라디오 그리고 TV 역사의 시작이다. 출발은 1876년 3월 10일 보스턴의 한 연구실이었다. 전화를 연구하던 알렉산더 그레이엄 벨은 위층에 있던 조수 왓슨에게 최초로 '말'을 보냈다. 벨이 보낸 음성은 두 개의 기록이 남아 있다. 벨이 실험 노트에 기록한 "Mister Watson, come here. I want to see you."와 왓슨이 기억하고 있는 "Mister Watson, come here. I want you."이다. 이유는 황산 때문이다. 왓슨의 기억에 따르면 그가 작업실로 뛰어 내려갔을 때 벨은 황산에 옷자락을 태운 채 어쩔 줄 몰라 하고 있었다. 나중에 왓슨은 벨이 새 송화기 성공에 기쁜 나머지 황산 사건을 깜빡한 모양이라고 했는데 별 차이도 없어 보이는 이 이야기를 쓴 것은 벨이 사용한 전화가 물을 담아 쓰는 액체 송화기였고 이 액체에 꼭 들어가야 하는 것이 황산이기 때문이다. 말로 하는 전화의 원리는 간단하다. 음성을 전기신호로 바꿔 전송하고 이 신호를 다시 음성으로 재생하여 상호간의 통화를 가능하게 하는 게 전화다. 그러나 전기, 화학이 들어가면 훨씬, 아주 많이, 매우 복잡해진다. 벨이 사용한 액체 송화기는 빈 나팔관과 아랫부분의 작은 물 컵으로 이루어져 있다. 나팔관 아래쪽은 양피지로 막혀있고 양피지 아래에는 기다란 침이 매달려있다. 사용자가 나팔관 윗부분에 입을 대고 말을 하면 소리가 진동을 일으킨다. 그러면 양피지에 매달린 침도 아래위로 움직이며 같이 진동을 하는데 전기를 통하게 한 이 침이 양피지 아래에 있는 작은 컵을 오르락내리락하며 진동을 전하면 그 진동이 물속에서 전기 파장으로 바뀐다. 사람의 목소리가 전기신호로 바뀐 것이고 이 신호가 전선을 타고 수신기로 흘러들어가 반대의 공정을 통해 다시 사람의 목소리로 재생된다. 그게 어떻게 가능하냐고? 무슨 말인지 하나도 모르겠다고? 속상할 일도 아니고 짜증내실 필요도 없다. 전공자가 아니면 당연히 절대 알아들을 수 없다. 그냥 경로가 그렇다는 얘기이니 액체 송화기의 원리 정도로만 기억하시면 된다(비전공자가 이 책에 등장하는 내용들을 기술적으로 이해하시려면 책 페이지만큼의 날짜가 들어가지 않을까 싶다. 그리고 이 책은 기술이나 원리가 아니라 '역사'를 다루는 책이다).

벨의 실험이 이걸로 완결된 것은 아니었다. 성공은 1회뿐이었고 송화기는 더 이상 작동하지 않았다. 고민 끝에 벨과 왓슨은 황산 말고 소금이나 알코올을 넣어보기도 했지만 역시 감감무소식. 벨과 왓슨은 액체를 포기하고 자석에 전기코일을 달아보기로 한다. 이번에는 매번 성공이었다. 벨과 왓슨이 3킬로미터 떨어진 두 사람의 집을 전화로 연결하면서 전화기는 급속도로 확산된다. 이어 벨은 교환기와 장거리 전화 시스템을 발명했는데 이때 그가 사업을 위해 세운 회사가 오늘날 미국의 최대 통신회사인 AT&T(American Telephone &Telegraph Company의 약자)다. '발명'했다고는 하지만 정확히 말해 벨의 공적은 전화를 '완성'

했다에 가깝다. 비슷한 시기, 비슷한 발명품들이 등장했으며 텔레폰이라는 명칭도 이미 있었다. 벨이 수많은 송사에 휘말린 것은 당연한 일이다. 그러나 발명도 중요하지만 '특허'는 더 중요하다는 그의 생각이 경쟁자들의 이름을 역사에서 지우고 홀로 살아남았다. 벨과 관련된 재미있는 에피소드는 그 최초의 날로부터 39년 후에 한 번 더 등장한다. 전화로 벨은 그때 처음 했던 말을 왓슨에게 반복했고 왓슨의 대답은 "기꺼이 가죠. 그런데 지금 거기까지 가려면 일주일은 걸릴 텐데요"였다. 벨은 미국 서부 샌프란시스코에, 왓슨은 동부인 뉴욕에 있으면서 AT&T가 동부에서 서부를 가로지르는 대륙 횡단 전화선을 가설한 후 기념 삼아 벌인 이벤트였다.

이제 과학, 기술 역사에서 어지간하면 등장하는 에디슨이 나올 차례다. 벨의 전화 발명 소식을 듣고 그는 속이 쓰렸다. 그러나 에디슨이 가진 재주는 최초로 뭔가를 발명하는 것 말고도 하나가 더 있었으니 남이 발명한 제품을 몇 단계 업그레이드시켜 훨씬 수준이 높은 물건으로 만들어내는 일이었다. 벨의 전화기 역시 같은 공정을 거친다. 에디슨은 벨 전화기의 약점이 음질이라는 사실을 바로 알 수 있었다. 벨 전화기가 나온 바로 다음 해 에디슨은 통화품질이 개선된 전화기를 선보인다. 음질만 나아진 게 아니었다. 에디슨의 전화기는 벨의 것보다 훨씬 먼 거리에서 통화가 가능했다. 에디슨의 관심사가 이동한다. 통화품질 개선에 노력하다보니 소리를 보내는 것이 아니라 소리를 최대한 원음에 가깝게 재생하고 한 걸음 더 나아가 그 소리를 담아두는 쪽으로 생각이 바뀐 것이다. 그렇게 탄생한 것이 바로 축음기다(이 명칭은 재치 있고 정확하다. 소리를 저축하다니). 재미있는 것은 벨이 애초에 생각했던 것이 전화와 그 기능이 아니라 축음기나 라디오 같은 것이었다는 사실이다. 그는 자신의 발명품으로 사람들이 음악을 들을 수 있다면 얼마나 좋을까 꿈을 꾸었고 실제로 자신의 집에서 6킬로미터 떨어진 전보국에 책 읽는 소리와 음악을 전달하는 실험을 하기도 했다. 물론 성공.

축음기의 원리 역시 말로 하면 간단하다. 말의 파장을 새긴 뒤 거기에 바늘을 대고 빠른 속도로 돌려 소리를 재생하는 것이다. 에디슨이 만든 최초의 축음기는 밀랍으로 된 원통형 두루마리 축음기였다. 진동막에 대고 사람이 말을 하면 진동막이 음파의 진동을 자국을 원통에 새기는 방식이다. 평평한 원판 대신 둥근 원통을 사용했다는 것을 빼면 현재의 비닐 레코드를 만드는 방식과 별반 다르지 않다. 에디슨이 축음기를 발명했을 때 신문에서는 언어가 불멸을 얻었다며 놀라워했다. 에디슨의 사업 모델은 이 축음기를 편지 대신 활용하는 것이었다. 그러니까 음성 편지를 기록한 레코드를 보내면 받는 사람이 축음기를 통해 듣는 것이다. 실제로 이런 방식으로 소식을 전하는 일이 한동안 유행했다. 글도 좋지만 그리운 사람의 목소리를 직접 들을 수 있었기 때문이다. 결과는 아시다시피 반대다. 벨이 처음 생각했던 전화의 용도인 음악 전송을 사람들은 주변과 연락을 주고받는데 사용하고 소식을 목소리로 전하는 것이 목적이었던 축음기로 음악을 들었다. 벨은 축음기의 발명에 흥분했고 차세대 모델을 같이 개발하자고 에디슨에게 제안했지만 에디슨의 관심사는 이미 다른 곳으로 옮겨가 있었다. 전구 개발이었다.

전화기를 이용하여 벨이 처음부터 벤처를 하려고 했던 것은 아니다. 그는 다만 특허를 팔고 싶었다. 그러나 당시 최대의 통신 회사인 웨스턴 유니온의 사장 윌리엄 오턴은 아이들 장난감 말고는 별다른 용도를 떠올릴 수 없는 이 아이디어를 받지 않았다. 컴퓨터가 처음 개발되었을 때 기업들이 이걸 어디에 쓸 거냐며 코웃음을 친 사례와 비슷한데 이 일로 인해 윌리엄 오턴은 최악의 의사 결정 사례로 경영학 교과서에 영원히 남게 된다. 슬픈 일은 더 있다. 웨스턴유니온은 30년 후 AT&T에 합병된다. 그런데 윌리엄 오턴은 왜 벨의 제안을 거절했을까. 당시로는 별로 이상한 결정도 아니었다. 통신의 패권은 압도적으로 전신이 누리고 있었고 사람들은 전신을 통해 편지와 신문까지 받아보고 있었으니 미래가 불확실하고 품질도 확신할 수 없는 전화에 큰 매력을 느낄 이유가 없었다. 전화가 물질적인 거리를 완벽하게 소멸시킬 것이라는 미래를 보고 오지 않은 이상 나름 합리적인 판단이었다는 얘기다.

*벨의 전화기를 업그레이드 시킨 것 말고도 에디슨의 공로는 하나 더 있다. 어쩌면 그 이상일 수도 있는 이 공적은 전화를 받을 때 "헬로"라는 말을 사용하게 한 것이다. 그럼 이전까지 전화가 걸려왔을 때 사람

들은 어떻게 말했을까. 벨이 추천한 것은 "아호이(Ahoy)"였다(무슨 인디언 말처럼 들린다). 반응은 없었다. 우리말로 치면 "어이~"에 가깝게 느껴지는 뉘앙스였기 때문이다. 에디슨은 처음 "할루"라는 단어를 사용했다. 그랬다가 "헬로"로 바꾸었는데 1872년 마크 트웨인이 쓴 '허클베리 핀'에 나오는 단어에서 영감을 받았다는 설이 가장 유력하다. 헬로는 1883년 옥스퍼드 영어 사전에 등재되는 것으로 그 사회적 생명력을 확고히 한다.

간추린 초기 세계 통신사 3

육지에서는 통신의 역사가 꽃피고 있었지만 아직 바다는 인류에게 넘을 수 없는 미지의 세계였다. 그러나 그 바다에 발을 담구는 일도 차츰 실마리를 찾고 있었으니 바로 무선전신 기술이다. 1912년 4월 14일 타이타닉호가 침몰한다. 승객 1,317명과 선원 885명 중 1,514명이 사망한 참사였다. 그러나 모든 비극에는 영웅이 있는 법이다. 선장인 에드워드 스미스는 마지막까지 배에 남아 승객들을 도와, 선장은 배와 운명을 함께 한다는 원칙을 지켰다. 배의 설계자였던 토머스 앤드루스 역시 승객들의 대피를 도왔고 이후 신사들만의 공간인 흡연실에서 품위 있게 최후를 맞았다. 역시 흡연실에서 마지막을 보낸 영국 언론인 윌리엄 스티드는 1907년 고종이 파견한 헤이그 특사를 물심양면으로 도와준 유일한 외국인이어서 우리에게는 각별하다. 파견직으로는 월리스 하틀리가 유명하다. 그는 8명 악단의 지휘자였고 배가 침몰하기 10분 전까지 연주를 했다 통신사(史)에서 주목해야 할 승무원으로는 마르코니사(社) 직원 두 사람이 있다. 선장이 그만하면 충분하다고 퇴선을 지시했지만 둘은 가라앉는 배의 통신실에서 남아 끝까지 남아 전파를 보냈다. 그리고 이 둘이 보낸 무선전신 덕분에 700명 가까운 인원이 구조되었으니 사실상 구조의 가장 큰 공로자라고 볼 수도 있겠다. 배 바깥에서도 유명인이 탄생했다. 아메리칸 마르코니 무선전신회사에 근무하던 러시아 출신 기술자 데이비드 사노프다. 침몰 당시 무선전신을 수신하고 있던 그는 쉬지 않고 바다 위의 구조상황을 전달했다. 사노프는 바다에서 받은 신호를 수신해 다시 이를 타전했고 미국 신문사들이 받은 이 신호는 전 세계로 다시 타전되었다(미국 신문사가 직접 타이타닉의 구조신호를 수신하지 못한 것은 마르코니사의 무선국만 자사의 무선장치를 장착한 선박에서 보내는 전파만 수신할 수 있었기 때문). 실시간 생중계라는 이 일이 없었더라면 세계는 타이타닉 침몰을 일주일 뒤에나 알 수 있었을 것이다.

전파는 전기처럼 태초부터 존재했지만 19세기에 들어 증명이 가능해졌고 활용방법도 연구되기 시작했다. 전파의 존재를 최초로 증명한 것은 독일 물리학자 하인리히 헤르츠였다. 1887년 헤르츠는 두 개의 금속 코일에 정전기를 발생시켜 전선 없이 공기를 통해(즉 전파를 통해) 전기신호를 전달하는 실험에 성공한다. 마이클 패러데이와 제임스 클라크 맥스웰이 세웠던 가설이 현실이 된 것이다. 최초의 실험 이후 헤르츠는 전파가 빛과 같이 빠른 속도로 움직이고 일정하게 진동하는 파장의 형태로 존재한다는 사실을 발견했다. 1930년 국제전자기술위원회는 전파의 1초당 진도수의 단위로 헤르츠(Hz)를 쓰기로 결정했다. 전자기파를 발견한 헤르츠에게 헌정된 이 헤르츠는 우리에게 익숙하다. 우리나라 FM 라디오에 자주 쓰이는 주파수 대역인 90에서 100메가헤르츠는 전파가 1초에 9,000만 번에서 1억 번 진동한다는 뜻이다. 학문적인 영역에서 탐구가 완성되면 다음은 사업의 영역이다. 1874년 이탈리아에서 태어난 굴리엘모 마르코니는 전파를 이용해서 원거리에서 모스부호를 주고받는 무선통신에 흥미를 느꼈고 그 수신거리를 1.5킬로미터까지 늘리는 데 성공한다. 스무 살을 갓 넘긴 나이였다. 그의 성취에 세상은 별 흥미를 느끼지 못했다. 이탈리아는 무심했고 그나마 호의적이었던 영국 우체국의 자금 지원을 받게 된다. 마르코니는 특허를 내고 사업을 시작한다. 1896년의 일이다. 1897년 마르코니가 바다를 건너는 무선통신에 성공하면서(당시에는 6킬로미터) 세상은 이 기술이 무한한 가능성이 있다는 사실을 이해하게 된다. 1901년 마르코니는 대서양 너머로 무선신호를 보내는 실험에 착수한다. 150미터 높이로 띄워 올린 연에 안테나를 매달았고 캐나다의 뉴펀들랜드와 영국의 콘월이 무선통신으로 연결된다. 두 지점 사이는 무려 3,500킬로미터, 1.5킬로미터에서 출발한 기적 같은 거리였다. 이 실험은 늘어난 거리 말고도 중요한 의미가 있다. 지상에서 쏜 전파가 우주공간으로 퍼져나가는 것이 아니라 대기권에서 반사, 굴절되어 지표면을 따라 퍼져나간다는 가설을 입증한 것이다(물론 어떤 주파수는 우주공간으로 뻗어나가기도 한다). 마르코니의 실험으로 그때까지 헤르츠파로 불리던 전파는 새로운 이름을 얻는다. 뿜어져 나와 사방으로 퍼진다는 의미의 radiate라는 단어에 기원한 라디오다.

초기 무선통신은 부유층의 취미생활이기도 했다. 햄(ham)이라고 불리는 아마추어 무선 통신사다(아직도 있다. 2021년 기준 미국은 71만 명, 일본은 43만 명, 우리나라는 4만 명 정도). 이들은 서로 교신하면서 자기들만의 네트워크를 구축했고 기기 판매 전문점과 전문잡지가 발행되었다.

1909년 1월 북대서양에서 짙은 안개로 선박 두 대가 충돌했고 이 배에서 무선 통신사들이 보낸 신호를 아마추어 통신사들이 수신하고 전달하여 1,200명 승객 대부분 구조됐다. 이 사건을 기점으로 무선통신의 인기는 폭발적으로 상승한다. 무선통신을 가지고 노는 것이 아이들에게 매우 유익하다는 광고에 홀린 부모들이 자식들에게 통신장비를 사주는 것이 유행이 되었다. 부작용도 있었다. 아무런 규제도 없이 우후죽순으로 무선통신국이 만들어지고 아마추어 무선사들이 군사기밀을 엿듣는 상황까지 발생하자 1912년 미국 의회는 라디오 법(전파법)을 제정했다. 라디오 사용을 원하는 사람은 정부의 승인을 받아야 하고 주파수대를 규제하며 상업용 무선과 미 해군의 무선을 수신하지 못하게 하는 등의 내용이었다. 미 해군이 방송(broadcasting)이란 단어를 처음 쓴 것도 같은 해였는데 처음에는 명령을 무선으로 여러 전함에 보낸다는 군사적인 의미에서 민간인이 다양한 사람들에게 전파를 보낸다는 뜻으로 바뀌었다. 수신기 회로가 특정한 주파수에만 작동하도록 하여 다른 전파의 간섭을 받지 않는 주파수 동조(同調) 기술이 개발된 것도 이 즈음이다. 주파수 대역을 나누게 되자 마르코니의 무선전신과 벨의 전화를 융합하는 시도가 이루어졌다. 모스 부호를 송수신하는 것에서 소리를 직접 전달하는 것으로 욕심이 늘어난 것이다. 라디오의 아버지로 불리는 리 디 포리스트는 무선기술사에서 가장 상상력이 풍부한 발명가 중 하나다. 그는 라디오파의 수신 장치로 쓸 수도 있고 전자파를 증폭하는 증폭기로도 쓸 수 있는 '오디온' 개발에 성공했는데 필라멘트와 플레이트 그리고 그리드로 구성되어 3극 진공관이라 불리는 이 기기의 발명으로 인류는 기계적인 조작 없이 전류의 흐름을 통제할 수 있게 되었다. 전문가가 아니더라도 편하게 사용할 수 있게 되었다는 얘기다. 음악을 좋아했던 리 디 포리스트는 오페라 공연을 집으로 전송해서 돈 없는 사람들도 쉽게 음악을 들을 수 있게 만들겠다는 다소 계급적인 발상으로 라디오폰을 만든다. 1908년 포리스트는 에펠탑 송신기를 통해 그곳에서 550마일 떨어진 마르세유까지 음악을 전송하는 데 성공한다. 그러나 자주 끊기고 음질이 고르지 않아 상업적으로 실패한다. 여기서 좌절할 포리스트가 아니다. 1910년 포리스트는 당대 최고의 성악가 카루소가 부른 오페라 방송에 다시 도전했으나 또 실패하여 도산했고 파산의 결과로 특허를 AT&T에 넘긴다. AT&T 기술진은 기기의 분석 끝에 오디언 내부의 가스가 전혀 필요하지 않다는 것을 알았고 가스를 빼버리는 실험을 하는데(진공관의 탄생) 전기신호가 증폭되는 결과를 얻게 된다. 장거리 전화 시장의 석권을 노리던 AT&T는 포리스트의 오디온을 증폭기로 활용하면 장거리 전화에 적합한 신호증폭기를 개발할 수 있을 것이라고 보았고 인류는 드디어 트랜지스터의 시대를 열어젖힌다.

제2부

통신의 각개약진 시대,
대한민국은 달리고 또 달렸다

03

원조 물자에 기댄 전후 복구와 금성사 신화

돈 없는 나라에서 자기 돈으로 복구를 했을 리가 없다. 모조리 원조였다. 전화 관련해서는 광화문분국과 용산분국이 불타 없어졌고 전신시설은 6·25 당시 밀려 내려갔던 전선(戰線)과 엇비슷하게 대구와 부산 일부를 제외하고 모조리 파괴되었다. 미국 아이젠하워 대통령은 전쟁이 끝날 기미가 보이던(실은 1년만 밀고 내려왔다 다시 밀려 올라갔을 뿐 나머지 2년은 38선을 사이에 둔 교착 상태에서 휴전 협상 기간이나 다름없었다) 1953년 4월 특사 헨리 타스카를 파견한다. 그는 2개월간의 조사를 마치고 귀국해 아이젠하워에게 상황을 보고했는데 경제부흥 우선 원칙에 따라 용역시설 정비, 교통, 통신, 농업, 수산업 진흥이 최우선 과제로 꼽혔다. 타스카가 계산한 원조의 규모는 1954년 3억 달러, 1955년에 3억 800만 달러,

1956년에는 2억 7,500만 달러 등 3년 동안 총 8억 8,300만 달러였다. 미국과 유엔(이라고 쓰지만 실제로는 거의 미국이 부담)의 원조와 관련해서는 과감하게 내용을 줄인다. 복잡한 데다 숫자만 나오는 기록이라 읽는 것이 별 의미가 없다. 다만 1945년부터 1961년까지 총 31억 달러의 경제 원조가 이루어졌고 주는 쪽은 원조에 의한 전후복구와 경제안정화를 바란 반면 받는 쪽은 원조재원을 사회기반 설비와 생산재 산업에 투자해 빠른 시일 내에 경제를 재건, 자립시키고 싶어 해 내내 충돌이 났다는 사실 정도만 기억하면 될 것 같다.

1958년은 우리나라 정보통신의 역사에서 각별한 해다. 그해 락희화학공업사(현 LG의 모태)가 국내 최초의 전기제품 전문생산업체인 금성사(현 LG전자)를 설립했기 때문이다. 그리고 그 금성사에서 이듬해인 1959년 최초의 국산 라디오를 만들어 시장에 내놓았기 때문이다. 전기제품 회사 설립에다 겨우 라디오 생산? 똑같은 1958년 미항공우주국(NASA)이 설립되고 미국과 소련이 경쟁하듯 우주선을 쏘아 올린 사실을 알고 있는 분이라면 어이가 없어 하품이 날 것이다. 그러나 2022년의 시점으로 당시를 보면 안 된다. 한반도를 초토화시킨 전쟁이 끝난 지 겨우 5년 그리고 대한민국의 국민총생산이 167개국 중 165등이라는 엽기적인 기록을 세우던 시절이다. 이런 나라에서 전기제품 회사를 만들고 라디오까지 생산했다는 것은 놀라운 일이 아니라 이상한 일이다. 일단 모태인 락희화학공업부터 살펴보자. 1947년 창립된 이 회사는 럭키 치약을 만들어 미국산 치약 콜게이트를 시장에서 몰아낸 것으로 유명하다. 치약 외에도 빗이나 칫솔 등 플라스틱 성형제품과 비닐 압연, 압출 제품도 국내 최초로 생산했는데 일종의 신흥재벌이었다. 아무리 그렇다 해도 플라스틱 사출(가열하여 녹인 플라스틱 재료를 거푸집 속에 밀어 넣고 냉각시켜 고체의 물건을 만드는 일)을 주 종목으로 삼던 회사에서 전기제품 생산으로 방향을 돌린 것은 파격을 넘어 우주적인 발상이었다. 이 사건에는 다섯 명의 중요한 이름이 등장한다. 먼저 사장인 구인회다. 저돌적인 경영 스타일로 유명했던 그는 기술이야 배워오면 되고 정 안 되면 외국인 기술자를 데려오면 된다는 매우 합리적인(!) 생각으로 결단을 내렸다. 이런 발상을 사장 혼자서 하기는 쉽지 않다. 누군가 이에 대한 비전과 전망을 제시했을 것이며 그게 구평회, 박승찬, 윤욱현이라는 3인방이다. 구평회는 구인회의 동생, 박승찬은 구평회의 친구 그리고 윤욱현은 박승찬의 선배였으니 혈연, 지연, 학연으로 똘똘 뭉친, 딱 대한민국 스타일 되겠다. 윤욱현은 공보부의 한국사 영문 편찬을 담당했던 사람이다. 당연히 영어에 능통했고 새로운 정보에 밝았다. 나머지 두 사람도 영어라면 거의 달인 수준. 예나 지금이나 정보는 일의 시작이자 승패를 가르는 핵심이다. 그리고 당시의 모든 정보는 오직 영어를 통해서만 접하는 게 가능했다.

세 사람은 락희화학공업의 진로를 두고 머리를 맞댔다. 먼저 현실 진단. 락희는 일시적으로 시장에서 우위를 점하고 있었지만 화학공업에는 진입장벽이 거의 없거나 매우 낮다. 누구나 약간의 기술과 자본만 있으면 바로 치고 들어와 점유율을 빼어간다. 새로운 기술집약적 업종으로 절대 우위를 만들지 않는 한 회사 이름 즐거울 락, 기쁠 희의 락희(樂喜)가 아닌 추락할 락에 한숨 쉴 희의 락희(落噫)가 되는 상황이다. 자연스럽게 사람의 두뇌와 숙련된 손재주가 중심이 되는 전자, 전기, 통신사업을 시작하자는 결론이 나왔고 여기에 구인회가 힘을 실어 승부수를 던진 것이다. 그럼 바로 사업 시작? 그것은 조직의 생리를 모르는 사람들이나 하는 말이다. 신규 사업이 추진되면 오만 곳에서 반대의 목소리가 나온다. 일부는 정말로 회사의 운명을 걱정해서이지만 대부분은 변화 대신 당장 눈에 보이는 현재의 이익에 몰두하기 때문이다. 이걸 다른 말로는 입지 사수라고 한다. 미군 PX를 통해 산뜻한 외제 라디오가 쏟아져 나오는 상황에서(월 평균 1만 대 정도) 위험을 무릅쓸 필요가 있느냐는 반론은 충분히 타당했다. 락희는 사돈 연합 회사다. 구씨 집안의 사돈인 허씨 집안 허만정이 락희화학공업 출범 당시 자본금의 35%를 댔다(이 비율은 훗날 허씨 일가가 GS라는 회사로 정유, 유통, 건설부문을 가지고 나갈 때 사업을 나누는 기준이 됐다). 3인방은 수많은 구씨와 허씨들을 설득해야 했고 심지어 구인회의 아들인 구자경까지 납득시켜야 했다. 물론 용단을 내린 구인회의 역할이 결정적이기는 하였으나 산고가 심했다는 얘기다. 회사 이름 금성사도 당시에는 파격이었다. 3인방 다음으로 등장하는 이름이 서독 기술자 헨케(H W Henke)다. 헨케는 윤욱현의 취미생활이었던 오디오와 관련해서 안면을 텄고 이게 인연이 되어 금성사의 기술 총책임자이자 공장장으로 2년 계약을 맺는다. LG의 첫 외국인 사원인 셈이다. 이렇게 다섯 명으로 끝? 아니다. 새로운 인물이 등장한다. 김해수라는 이름으로 금성사 공채 1기다. 회사 설립과 함께 금성사는 고급 기술 간부 모집이라는 광고를 냈고 이때 지원한 2,000여 명 지원자 중 최종 합격된 3인 중 하나였다. 정확히는 수석 합격자. 바로 이 사람이 금성사 신화를 써내려간 5인 중 하나로 한국 라디오의 아버지로 불리는 인물이다.

뭐든 타고 난다. 1923년생인 김해수는 선천적으로 기계 친화적인 인물로 도쿄 유학 중 라디오를 처음 만났고 바로 사랑에 빠진다. 뜯고 조립하고 아예 부품만 가져다가 조립하는 과정을 통해 기계에 익숙해진 김해수는 귀국 후 일본인 사업가들의 스카우트 대상 1위가 된다. 해방 이후에는 고향에서 라디오 가게를 열었고 이때부터 그의 손이 바빠지기 시작한다. 어지간한 고장은 다 고친다는 소문에 그의 고향인 경남 하동으로 전라도에서까지 의뢰인들이 몰려든다. 미군 병사가 수리를 맡긴 라디오 부속 중에 들어있던 극소형 전기식 진공관을 처음 구경한 것도 그때였다. 당시 미제 제니스 트랜스 오셔닉 라디오는 쌀 50가마 가격이었으니 그럴 만도 했다. 험악한 세월 탓에 좌익으로 몰려 잠시 고생도 했지만 평탄하게 그 시기를 보낸 사람이 얼마나 되겠는가. 고문 후유증과 폐결핵으로 전남 소안도에서 요양하다 부산으로 거처를 옮긴 김해수의 눈에 들어온 것이 바로 금성사 공채 광고였다. 시험은 어려웠다. 그러나 그것은 다른 응시생들에게나 그랬을 뿐 김해수에게 라디오 회로도를 그려보라는 문제는 고향마을 골목길을 그려보라는 주문과 별반 다르지 않았다. 압도적으로 1등이었다. 시험 문제를 출제한 헨케도 이론은 물론 실기까지 익숙한 그의 솜씨에 크게 만족한 표정이었다. 김해수에게 금성사 첫 제품 라디오 설계 임무가 주어진다. 이때부터 김해수와 헨케의 충돌이 시작된다. 그것은 변방의 기술자와 본토 기술자의 기 싸움이자 실력대결이었다. 1라운드는 라디오의 외형(보통 캐비닛이라고 한다)을 놓고 펼쳐진다. 김해수의 안은 길고 낮은 몸체에다 앞에는 투명한 다이얼판을 붙인 심플한 것이었고 헨케가 내놓은 제안은 중세 유럽의 고딕 양식 교회

건물처럼 아래위로 긴 상자에 윗면이 둥그스름한 형태였다. 간부들을 대상으로 한 투표 끝에 김해수의 안이 통과된다. 헨케의 자존심이 상한 것은 물론이다. 라디오 외형에 이어 내부 부품 문제에서도 김해수와 헨케는 또 부딪힌다. 결국 헨케는 계약기간을 다 채우지도 못하고 금성사를 떠난다. 헨케의 사임을 며칠 앞두고 걱정이 활짝 핀 구인회가 김해수를 부른다. 헨케 없이 우리 기술자만 데리고 회사를 이끌어 나갈 수 있겠느냐는 질문이었고 김해수는 머뭇거리지 않았다. 1959년 국내 최초의 라디오 '금성 A-501호'가 탄생한다. A는 교류(AC)의 첫 글자에서 따왔고 5는 5구식 진공관 라디오라는 의미 그리고 01은 제품 1호의 의미였다. 가격은 2만 환 정도로 비슷한 성능의 외제 라디오 3만 3,000환보다는 싼 가격이었다.

이때부터 금성사는 쭉쭉 뻗어나가며 성장대로를 달린다, 였으면 얼마나 좋을까만 처음 개발한 제품이 문제가 없을 리가 없었다. 먼저 외형에서 변색이 발생했고(당시 우리나라 화학공업의 실력) 전면에 붙여놓은 투명 문자판이 떨어져 나갔으며 내부 부품에서도 문제가 발생했다. 가뜩이나 국산에 대한 신뢰가 바닥이던 시절이다. 당연히 판매도 부진했다. 첫 출하된 라디오는 모두 40대(어떤 기록에는 80대)였는데 그 중 18대가 판매됐다. 1960년 10월 금성사는 신문에 '외제를 몰아내는 금성 라디오'라는 광고를 실었지만 실제로 내몰리던 것은 금성 라디오였다. 일본과 미국에서 유입된 밀수품의 홍수 속에 국산 라디오에 대한 반응은 냉담했고 금성사의 라디오 공장에는 재고가 쌓였다. 락희화학이 번 돈을 금성사가 다 까먹는다는 소리가 나오던 무렵 상황을 급반전시킬 사건이 발생한다. 1961년 가을, 키 작고 얼굴이 새까만 군인 하나가 연지동 금성사 라디오 공장을 불쑥 방문한다. 박정희였다. 5·16쿠데타 직후 당시 박정희의 위세는 어마어마했다. 정말로 하늘을 나는 새를 떨어뜨릴 기세였고 그의 포고령 하나에 사람 목숨 여럿이 왔다 갔다 했다. 그날따라 공장에는 김해수 혼자만이 자리를 지키고 있었다. 박정희는 예고도 없이 방문해 미안하다며 라디오 공장 견학을 부탁했고 김해수는 벌렁거리는 심장을 다독이며 박정희를 안내했다. 박정희의 관심사는 다양했다. 공장 기계시설은 어느 나라 것이냐, 라디오 부품의 국산화 비율은 얼마냐, 설계는 누가 했느냐, 외제에 비해 성능은 어떠냐, 고장은 안 나느냐, 기술적으로 자신이 있느냐에서부터 김 과장은 어느 학교를 나왔냐 같은 시시콜콜한 것까지 물었다. 김해수는 자신이 아는 범위에서 나름 조리 있게 대답을 했고 박정희는 마지막 질문으로 어떻게 하면 금성사가 살아날 수 있는지를 물었다. 김해수는 금성사가 중요해서가 아니라 일본처럼 전자공업이 크게 일어나려면 일제 밀수품과 미제 면세품 라디오의 유통을 막아야 한다고 대답했다. 이어 부산 광복동에 가면 라디오 가게가 여럿인데 외제 라디오의 박람회장이나 다름없으며 국산 라디오는 한 대도 끼워주지 않는다며 하소연했다. 박정희는 기운을 내시라, 곧 좋은 일이 있을 것이라며 김해수의 손을 꼭 잡아주고는 공장을 떠났다. 일주일 후 전국 모든 신문과 라디오 방송을 통해 '밀수품 근절에 관한 최고회의 포고령'이 발표된다. 그날 이후 전국 라디오 가게 진열장에서 외제 라디오가 사라진다. 금성사 전화통에 불이 났고 진열장에 금성사 라디오가 떡하니 자리를 잡는다. 이어 '농어촌 라디오 보내기 운동'까지 벌어진다. 이 운동은 1963년까지 이어지는데 대략 20만 대가 넘는 물량이 농어촌으로 보내졌다. 군사 혁명에 대한 홍보를 위한 공보처 주관 관제 운동이었지만 라디오를 확산시키는데 큰 역할을 했고 때마침 금성사의 국내 라디오 생산이 있었기에 가능했던 일이었다. 이후 금성사는 선풍기, 국산 냉장고, 흑백텔레비전, 룸 에어컨, 세탁기 등을 생산하며 우리나라의 대표적인 전자회사로 입지를 굳힌다. 금성사설립과 국내 첫 라디오의 생산, 우리나라 정보통신 역사에서 최초의 '별의 순간'이었다.

간추린 초기 세계 통신사 4

전쟁은 단기간에 기술을 한 단계 위로 끌어올리는 마법을 발휘한다. 사람들이 이유도 없이 죽어나가는 동안 기술 발전은 수십 년 세월을 뛰어 넘는 인간사의 아이러니다. 1차 대전을 거치면서 미국의 기술력은 전 방위에서 획기적으로 발전한다. 특히 미 해군의 무선통신 기술은 경쟁 국가들을 압도적으로 압도했는데 유럽에서 벌어진 전쟁을 아메리카에서 들으려니 당연한 결과이기도 했다. 전쟁 후 미 해군은 이 기술을 국유화하려고 했으나 민간의 열정적인 반대에 부딪혔고(돈이 된다는 얘기) 미국 정부는 이를 GE에 맡겨 미국 라디오 주식회사, RCA를 출범시킨다. 아메리칸 마르코니 무선전신회사를 인수한 RCA는 타이타닉 승객 구조로 이름을 알린 데이비드 사노프에게 경영을 맡긴다. 사노프도 상상력이 풍부한 사람이었다. 그는 각 가정에 뮤직 박스를 공급하는 사업을 제안했는데 라디오의 형태도 없었던 시기인 것을 감안하면 상당한 예지력이다. 최고 경영진은 대체 무슨 소리냐며 그의 아이디어를 한 칼에 잘랐다. RCA는 3극 진공관 등 여러 특허를 가진 AT&T에 경영 참여를 요청했고 이어 유명 대형전기 회사인 웨스팅하우스까지 연결된 끝에 라디오 기술에 관련된 2,000개의 기술을 가진 기업으로 성장한다. 이제 그 라디오를 통해 들려줄 콘텐트의 확보 차례다. 사노프는 또 기막힌 아이디어를 내놨다. 1921년 7월 RCA는 뉴욕에서 벌어진 권투경기를 생중계했는데 반응은 폭발적이었다. 1921년의 일인데 당시 미국 가구당 라디오 보급은 500가구 당 한 가구에 불과했다. 이게 5년 후 20 가구당 1대로 줄어든다. 10년 뒤 미국 거의 모든 가정에는 라디오가 놓이게 된다. 방송국이 필요해진다. 1926년 전국단위 방송국인 NBC가 출범한다. 영국은 이보다 빨라 1922년에 BBC가 생긴다. 미국과 달리 영국은 상업광고 대신 시청자가 약간의 돈을 지불하는 공영방송 형태로 방송을 내보낸다. 일본의 NHK나 우리나라의 KBS 역시 이 형식을 따르고 있다. 라디오 방송이 등장한 후 미국의 250여 개 신문사가 문을 닫았다. 국내에서 라디오 방송이 처음 전파를 내보낸 건 1925년이었다. 국내의 공식적인 라디오 수신기는 모두 5대였다. 그럼 5명을 위한 방송? 수백에서 수천의 사람들이 모여서 라디오를 들었다. 1927년 총독부가 주도해 경성방송이 설립된다.

스포츠 중계와 뉴스에 이어 사람들이 열광한 건 재즈였다. '모차르트와 아프리카를 잇는 다리'라는 참 거창한 별명을 가지고 있는 재즈는 미국 뉴올리언스의 지역 특산물이나 다름없었는데 이게 전국으로 퍼져나간다. '세상 참 아름답네'라는 곡으로 유명한 루이 암스트롱은 전국 방송 라디오 프로그램을 진행한 최초의 아프로-아메리칸이었다. 재즈에 이어 로큰롤이 전파에 올라탔다. 클래식 음악의 전송은 아직 시간이 더 필요했다. 클래식 음악은 인간의 귀가 들을 수 있는 주파수 내에서 저음부터 고음까지 모든 소리를 다 전달할 수 있는 하이파이 기술이 나온 뒤에야 가능해진다.

1927년 또 하나의 혁명이 일어난다. 맨해튼에 있는 AT&T 부설 벨 연구소에서 워싱턴의 허버트 후버 상무장관이 연설하는 모습을 작은 유리 디스플레이에 재생하는데 성공한 것이다. 신문에서는 연설자와 청중 사이에 존재하는 320킬로미터의 공간이 완전히 파괴되었다며 극찬에 극찬을 했다. 다만 이 TV 기술의 수준은 아주 낮았다. TV는 라디오와 전혀 다른 기술이었고 이 기술이 어떻게 발전할지 예측하기도 힘들었다. 가장 근접하게 미래를 예측한 사람은 발명가였던 찰스 프랜시스 젠킨스였다. 그는 TV가 거실에 놓여 영화, 오페라, 뉴스 등을 직접 볼 수 있을 것이라고 전망했다. TV에 열정적으로 매달린 것은 사노프였다. 그는 러시아 출신의 블라디미르 즈보리킨이라는 기술자를 통해 상업적으로 이용이 가능한 TV제작에 열중한다. 그러나 즈보리킨이 개발 중인 TV 기술은 이미 필로 판즈워스라는 인물이 개발하여 특허까지 내놓은 상태였다. 그는 고등학생이던 1922년에 이미 전자식 텔레비전의 설계도를 만들었던 천부적인 발명가였다. 판즈워스는 1926년부터 본격적인 실험에 착수하여 '영상분해기'라는 송신기와 '영상수상기'라는 수신기를 개발하는 데 성공한 상태였다. 게다가 1927년 9월에는 자신이 개발한 송신기와 수신기로 시연까지 성공적으로 마쳤다. 사노프는 10만 달러를 제안하며 특허를 넘겨달라고 한다. 액수가 마음에 안 들었던지 아니면 태도가 마음에 안 들었던지 판즈워스는 이 제안을 거절했다. 사노프와 RCA는 기술 개발을 계속하는 한편 판즈워스에게 소송을 걸어 말려죽이기 작전을 진행한다. 소송을 해 본 사람은 다 알지만 돈 없는 사람에게 장기간의 소송은 고역을 넘어 고문이다. 결국 지쳐서 타협을 보내 되는 것이다. 1934년 RCA는 텔레비전 특허에 대한 우선권 소송을 제기했다. 즈보리킨이 판즈워스보다 훨씬 앞서 1923년에 이미 전자식 텔레비전을 개발했다는 주장이었다. 특허청은 판즈워스의 손을 들어 주었다. 즈보리킨이 1923년에 전자식 텔레비전에 대한 특허를 신청한 것은 사실이지만 실제 작동하는 기계장치를 만들었다는 증거는 없었다. 반면 판즈워스 쪽에서는 그의 고등학교 은사가 나와 자신의 제자가 1922년에 그린 전자식 텔레비전에 대한 스케치를 제시했다. RCA는 항소와 상고를 하면서 재판을 질질 끌었고 1939년 4월에는 뉴욕 세계 박람회장에서 실제 작동하는 텔레비전을 선보였다. 사노프는 박람회가 끝난 뒤 100만 달러의 로얄티와 판매되는 모든 텔레비전의 저작권료를 판즈워스에게 지불하는 데 동의했다. 판즈워스는 기술자였고 사노프는 사업가였다. 만들기는 했지만 이를 사람들에게 즐거움을 주는 방향으로 끌고 간 것은 결국 사노프였다. 판즈워스는 은둔생활을 하다 알코올 중독으로 외롭게 세상을 떠났다.

04

길에서 길을 찾다-박정희의 서독 방문기

1964년 12월 박정희는 서독을 방문한다. 방문이라기보다는 부자나라 구경하기였고 목적은 돈을 빌리는 것이었다. 서독에서 박정희는 애초에 생각하지 못했던 것들을 보고 돌아온다. 박정희는 본과 쾰른을 잇는 아우토반을 달리는 경험을 했고 도로 양옆으로 펼쳐진 울창한 숲을 부러운 눈빛으로 바라보았으며(당시 한국의 대부분 산은 시뻘건 흙이 보이는 민둥산) 몇몇 고위 인사들과의 회담을 통해 영감을 얻는다. 루트비히 에르하르트 독일 총리는 박정희에게 이렇게 조언했다. "한국은 산이 많던데 산이 많으면 경제 발전이 어렵다. 고속도로를 깔아야한다. 고속도로를 깔면 그 다음에는 자동차가 다녀야 한다. 자동차를 만들려면 철이 필요하니 제철공장을 만들어야 한다. 연료도 필요하니 정유공장도 필요하다. 경제가 안정되려면 중산층이 탄탄해야 하는데 그러려면 중소기업을 육성해야 한다.” 한 점의 논리적 비약 없는 단계적인 발전 계획이었다. 그리고 당시 대한민국에는 에르하르트 총리가 이야기한 것들이 하나도 없었다. 그 길을 순서대로 따라가다가는 답이 안 나왔다. 박정희는 묶어서 동시에 하기로 한다. 고속도로도 내고 자동차도 만들고 제철소도 짓고 정유공장도 만들고. 이번에는 박정희가 말 할 차례였다. “사실 우리가 서독을 방문한 목적은 라인강의 기적이라 불리는 서독의 경제 발전상을 배우기 위한 것도 있지만 돈을 빌리기 위해서다. 우리 국민 절반이 굶고 있다. 돈을 빌려주면 그것을 국가 재건을 위해 쓰겠다. 돈은 꼭 갚겠다. 군인은 거짓말 못 한다.” 예정된 회담 시간은 40분이었다. 그 시간을 박정희는 하소연을 늘어놓는데 다 잡아먹었다. 에르하르트 총리는 회담을 30분 더 연장했다. 회담 후 에르하르트 총리는 담보가 필요 없는 재정 차관 2억 5,000만 마르크(약 4,770만 달러)를 한국 정부에 제공하기로 결정한다. 자유 베를린 대학을 방문했을 때의 일화는 재미있다. 박정희가 전기 공학부 강의실 단상에 오르자 1,000여명 가까운 서독 학생들은 책상을 두드리고 발을 구르며 우~하고 소리를 질렀다. 박정희의 표정이 굳어졌다. 얼마 전 한일회담을 둘러싸고 대학생 시위가 격렬해졌을 때 계엄령을 선포한 자신을 비난한다고 생각했기 때문이다. 대학 총장이 박정희를 정식으로 소개할 때도 마찬가지였다. 우~ 쾅쾅. 야유소리에 박정희는 불쾌한 표정으로 연설문을 읽어나갔다. 연설의 첫 대목이 끝나자 학생들은 또 쾅쾅 우~. 시쳇말로 멘붕이 온 박정희는 연설문의 다음 문장을 찾지 못한 채 즉흥연설을 하기 시작했다. 그는 학생들과 화해를 모색한다. "베를린 공과대학은 내가 평소에 기대하고 바라던 이 나라 과학문명의 본산입니다." 독일 학생들에게 점수를 딸 요량으로 던진 말이었지만 반응은 여전했다. 아니 오히려 그 대목에서 더 세게 책상을 두드리며 고함을 질렀다. 칭찬은 고래도 춤추게 한다는데 대체 왜들 저러나. 고개를 갸웃거리던 박정희는 이상한 점을 발견했다. 소리를 질러대는 학생들의 표정이 전혀 적대적이지 않았던 것이다. 표정은 밝았고 눈은 웃고 있었다. 그제야 박정희는 학생들의 행동을 '문화적'으로 이해할 수 있었다. 베를린 대학 학생들은 자기들처럼 강대국에 의해 나라가 쪼개지고 공산주의에 대치하고 있는 작고 가난한 나라의 지도자를 향해 환영과 응원을 보내고 있었던 것이다. 게르만족의 독특한 제스처를 이해한 박정희는 중단했던 부분부터 연설문을 다시 읽어나갔다. 그날 박정희는 학생들의 환호에 십여 차례나 연설을 중단해야 했다. 연단에서 내려온 박정희의 표정은 서독 방문 일정 중 가장 환했다는 후문이다.

서독에서 박정희가 얻은 또 하나의 소득은 정보통신에 관한 것이었다. 독일은 전통의 통신 강국이다. 2차 세계 대전에서 독일군의 숨 가쁜 기동전을 가능하게 했고 상대 국가들의 전력을 순식간에 무력화시킬 수 있었던 것도 통신이었다. 박정희는 응용력이 좋은 사람이다. 고속도로에 차 대신에 정보가 달리면 어떨까. 박정희는 아우토반이라는 물질적인 형태 위에 통신이라는 눈에 보이지 않는 인프라를 얹는 상상을 했다. 물론 추측이다. 그러나 이후 박정희의 고속도로와 통신에 보인 관심과 행보를 보면 충분히 가능한 추측이다. 1967년 9월 청와대에서 컬럼비아 대학교 전자공학과 교수였던 김완희 박사의 브리핑이 진행된다. 참석자는 대통령, 상공부 장관, 대변인과 비서관 한 명으로 작은 규모였다. 브리핑이 끝나자 박정희는 김완희 박사를 서재로 안내했다. 서재에서 박정희가 김완희 박사에게 보여준 것은 작은 트랜지스터였다. 손가방 하나 분량이면 몇 만 달러나 되는데 우리는 아직도 면직물밖에 수출하지 못한다며 한탄하는 박정희의 말에는 전자산업 육성에 대한 강한 의지가 담겨 있었다. 시기적으로 보면 미국과 일본은 이미 전기 산업 시대를 졸업하고 전자산업으로 뛰어든 때였다. 때를 놓치면 이들을 따라잡는 것이 영원히 불가능했다. 김완희 박사는 박정희로부터 전자공업진흥원 설립을 위한 예비 조사를 위촉받고 미국으로 돌아갔다. 이듬해 귀국한 김완희 박사는 국내 전자공업의 실태를 돌아보고 본격적으로 전자산업육성 기획안을 짜기 시작한다. 전자공업진흥법의 제정, 전자공업육성 자금 확보, 전자공업진흥원 설치 등이 핵심 내용이었다. 1960년대 말 전자산업은 막 출발하려는 기차였고 대한민국은 그 기차의 마지막 칸에 가까스로 올라탔다. 이후 기차의 속도는 빨라졌고 진입장벽은 높아졌다. 그 시기를 놓쳤더라면 대한민국 전자산업의 오늘은 지금과는 많이 달랐을 것이다.

05

우편번호 도입과 우편집중국 설치

1966년은 우편에서 획기적인 변화가 일어난 해이다. 체신부 장관 김병삼이 우편번호제를 실시하겠다고 발표했다. 서독 시찰을 막 마치고 돌아온 때였고 그 역시 박정희처럼 제대로 영감을 받은 상태였다. 우편은 기본적으로 노동집약적인 사업이다. 접수, 구분, 운송, 배달이라는 과정이 오로지 사람의 손에 의해 진행된다. 이중 특히 손이 많이 가면서도 전문성이 필요한 게 '구분'이었다. 일단 편지봉투에 적힌 글자를 판독해야 한다. 문맹이 많았던 시절이다. 사람들은 글자를 쓰는 게 아니라 보고서 따라 그렸다. 글자를 익힌 사람들의 글씨는 괴발개발 엉망이었다. 내용을 판독했으면 이번에는 우편물의 운송 루트에 따라 이를 분류할 차례다. 어지간한 숙련도를 갖추지 않으면 편지 한 통을 가지고도 절절 맨다. 1961년 전체 우편물량은 1억 6천만 통이었다. 게다가 우편 수요는 매년 10% 정도의 증가세를 보이고 있었으니 우편 인력이 증가하는 업무량을 따라잡는 것은 사실상 불가능했다(실제로 1969년의 우편물량은 5억 5천만 통 정도). 이런 필요에 의해 도입된 것이 우편번호였다. 우편물의 행선지를 문자가 아닌 숫자로 부호화하는 것, 너무나 단순한 발상이지만 누구나 떠올릴 수 있는 해법도 아니었다(콜럼버스가 괜히 위대한 게 아니다). 김병삼의 뒤를 이은 것은 김보현이다. 김보현은 아예 기한까지 확정해 우편번호제 실시를 신문에 발표해버렸다. 실무자야 죽어나든 말든 상관없다는 식이었지만 대한민국은 한동안 그런 무지막지한 방식으로 달렸다. 1970년 7월 우편번호제가 시행된다. 아시아에서는 일본과 대만에 이어 세 번째, 전세계적으로는 15번째였다. 우편번호제가 실시되자 시간 당 1,500통을 구분하던 우편물량이 3,000통으로 늘어났다. 물론 그때까지는 사람이 그 작업을 담당했다. 최종적인 목표는 사람의 손에 의한 구분이 아닌 기계에 의한 분류였다. 그것도 제대로 된 우편집중국을 통해서. 우편물 분류 기계화작업을 위한 시설 계획은 1966년부터 진행되던 사업이다. 계획은 세웠지만 외화부족으로 시달리는 나라다 보니 시공은 계속 지연되었다. 1968년 박정희는 사업에 필요한 각종 기자재를 국산화하라는 지시를 내렸고 체신부는 컨베이어 시스템을 한 번도 만들어 본 적이 없는 한국기계공업과 계약을 맺었다. 의지만으로 모든 일이 다 되는 건 아니다. 1970년 4월 서울중앙우체국에 컨베이어 시스템이 설치됐지만 오작동과 고장으로 운행이 되지 않았다. 완전 실패. 제대로 된 서울우편집중국이 개국한 것은 그로부터 무려 20년이 지난 1990년 5월이었다. 여기에는 1982년 무렵 체신부 우정국장을 지낸 신윤식의 집념에 가까운 노력이 있었다.

대도시 지역의 우편물을 한곳에 모아 처리하는 우편집중국의 건설은 세계적인 추세였다. 그러나 이는 우편물 기계화 작업과는 차원이 다른 사업으로 시설과 예산의 규모가 엄청났다. 그러나 누군가는 해야 할 일, 이때 등장한 것이 신윤식이다. 신윤식은 우편 전공이 아니다. 그는 전기통신 분야에서 잔뼈가 굵었고 우정업무는 오래 전 진해에서 우체국장으로 근무한 1년이 전부였다. 우정국 과장들의 보고에 따르면 가장 시급한 문제는 우편기계화와 UPU(만국우편연합) 총회 유치였다. 우편기계화를 위해 그는 장기 해외 출장 요청서를 제출했고 체신부 장관 최순달(기억하자. 이 이름은 앞으로도 자주 나온다)의 허락을 받아냈다. 신윤식은 일본 요코하마 우편집중국을 시작으로 미국, 영국, 프랑스, 스위스 우편국을 꼼꼼히 살폈다. 평가 기준 중의 하나는 건설비용이었다. 남아도는 자금이 아니었기에 신윤식은 각 우편집중국들의 건설비 낭비 부분만을 집중해서 연구했다. 그리고 가장 비용 누수가 적은 스웨덴 우편집중국을 사업 모델로 확정하고 출장 보고서를 작성했다. 신윤식이 올린 첫해 예산은 48억 원. 그러나 이 액수는 경제기획원 예산실에서 전액 삭감이라는 통보를 받아야 했다. 정부 각 부처도 일종의 사업체다. 그는 경제기획원 예산실의 문희갑을 찾아갔다. 문희갑은 공군에서 장교 생활을 같이 했기에 말이 좀 편한 상대였다. 신윤식의 '우체국 현대화 계획' 브리핑을 들은 문희갑은 사업과 국가 안보의 상관성을 물었다. 당연히 대답이 궁색해지는 순간이었지만 신윤식은 정부가 추구하는 것이 복지국가 건설인데 우체국 업무야말로 바로 그런 복지의 대표적인 것이라고 설명했다(라고 쓰고 우겼다라고 읽는다). 문희갑의 반응은 신윤식이 기대한 것 이상이었다. 아버지가 우체국장 출신이었던 문희갑은 우체국에 대한 지원을 내내 생각하고 있었는데 당신처럼 논리적으로(!) 지원의 이유를 설명한 사람이 없었다며 기꺼이 돕겠다고 했다. 48억 원의 예산이 살아나는 순간이었다.

예산 확보가 끝이 아니었다. 우편집중국을 지을 땅이 필요했다. 우편집중국을 지을 때 가장 유리한 곳은 철도와 연결되는 부지다. 다행히 용산역 근처에 철도청이 보유하고 있는 유휴지 1만여 평이 있었다. 부지를 팔거나 임대해달라는 공식요청을 보냈지만 철도청에서는 묵묵부답이었다. 또 다시 인적 네트워크를 활용하기로 한 신윤식은 철도청 차장 김하경을 찾아갔다. 그는 지방에서 같은 시기에 기관장 노릇을 같이 한 사이였다(대한민국의 이 끈끈한 인맥 사랑). 김하경은 담당자에게 긍정적으로 검토해보라는 지시를 내렸지만 그럴 계획이 없다는 답변이 돌아왔다. 신윤식은 마지막 카드를 꺼내들었다. 부지를 제공하지 않으면 철도로 운반하던 우편물 운송을 육로 운송, 즉 차량으로 바꾸겠다는 협박이었다. 철도청은 우편물 운송 대가로 체신부로부터 매년 20억 원을 받고 있었다. 즉시 협의하자는 반응이 왔고 결국 임대료를 지불하는 조건으로 7천 평을 확보하게 됐다. 이 사이 경제기획원 예산실장이 이진설로 교체된다. 불행히도 신윤식은 이진설과 인적 네트워크를 찾아낼 수 없었다. 예산국 실무자들이 다시 48억 예산을 삭감하려한다는 소식에 해외 출장 중이던 신윤식은 이진설에게 장문의 편지를 보냈다. 우편집중국을 세우지 않으면 안 되는 이유를 절절하게 적은 편지였다. 이진설은 공무와 관련해 당사자로부터 개인적인 편지를 받은 것이 처음이었다. 세상 그 어느 공무원이 자기 집 일처럼 나서서 그토록 사업추진을 열성적으로 할 것인가. 편지는 마음을 움직였고 예산은 다시 살아났다.

우편집중국의 설립 작업은 용산 한 군데에만 하는 것이 아니었다. 전국의 주요 도시에도 우편집중국을 세워야 우편물의 운송이 거미줄처럼 연결된다. 1990년 초반 미국에는 225개의 우편집중국이 있었고 독일과 일본에는 83개 그리고 영국에는 70개의 우편집중국이 있었다. 신윤식이 세운 국내 우편집중국 수의 목표는 31개였다. 1990년 5월 서울 집중우편국이 개국한다. 그 사이 차관으로 승진한 신윤식은 장관과 함께 개국 테이프를 끊었다. 서울우편집중국은 2011년 폐국 되어 관할 지역이 동서울, 서서울, 안양으로 쪼개졌고 2022년 현재 우편집중국은 23곳, 물류센터까지 더하면 31곳이 있다.

06

삼성전자의 탄생

1969년 1월 13일 삼성전자공업주식회사(이하 삼성전자)가 설립된다. 자본금은 6억 원. 당시 물가를 감안하더라도 대단한 액수는 아니었다. 그로부터 50년이 지난 2021년 현재, 삼성전자는 매출액 기준으로 세계 15위, 제조업으로는 세계 4위의 기업이다. 숫자만으로는 이게 어떤 의미인지 모를 것이다. 그 기간 동안 삼성전자가 밟고 올라간 외국 기업들의 명단을 보자. 다임러, AT&T, 마이크로소프트, 포드, 혼다, GM, 소니, 히타치, GE, 닛산, 파나소닉, 보잉, 에어버스, 화이자 등이 삼성전자에게 순위를 내줬다. 80년대 용산전자상가를 가면 국산은 고장과 불량이 잦다며 점원들이 추천해 준 것이 소니와 히타치, 파나소닉의 전자제품들이었다. 정말이지 상전벽해(桑田碧海)요 청출어람(青出於藍)이 따로 없다. 대한민국을 기적이라고 부르는 이유 중 하나인 삼성전자는 모진 산고를 겪으며 태어났다. 1966년 한국비료의 사카린 밀수 사건이 터진다. 삼성의 계열사 한국비료공업이 사카린 2,259포대(약 55톤)를 건설 자재로 속여 들여오려다 들통이 난 사건으로 이 일로 이병철 회장이 경영 2선으로 물러난다(사카린 외에도 일제 냉장고, 밥솥 등 잡상인들이나 다룰 품목들이 포대에 담겨 있어 사람들의 눈살을 찌푸리게 만든 사건이다). 2년 동안 각성과 근신의 시간을 보내고 1968년 2월 복귀한 이병철은 삼성물산에 개발부를 신설하고 신훈철 삼성물산 상무에게 신규 사업 개발을 지시한다. 두어 달 후 신훈철이 가지고 온 사업계획서가 바로 전자산업이었다. 신훈철은 기술, 노동력, 내수, 수출 등의 측면에서 전자산업은 우리나라 경제부흥에 꼭 맞는 산업이며 먼저 라디오와 TV 등 민생용 전자기기 제조로 경험을 쌓은 뒤 전자교환기 등 산업용 전자로 사업을 확대한다는 마스터플랜까지 짜놓고 있었다. 어떡하든 되겠지 무턱대고 시장에 들어온 금성사와는 달리 삼성은 계획을 세워 놓고 시장에 뛰어든 셈이다. 삼성전자를 굴지의 종합전자회사로 키우기 위해 삼성은 전자단지의 대형화, 공정의 수직계열화, 기술 개발의 조기 확보라는 3대 원칙을 세우고 경기도 수원과 경남 울주군 가천에 대단지 공장부지를 마련한다. 같은 해 삼성전자는 일본 산요전기, 스미토모 상사와 합작으로 설립한 '삼성산요전기'와 역시 일본 NEC와 합작으로 TV용 브라운관 등을 생산할 목적으로 설립한 '삼성NEC(현 삼성SDI)'의 업무를 분리시키고 계열사 시스템을 구축한다.

사업이 일사천리로 진행된 것은 삼성이 중앙일보와 TBC를 통해 여론을 형성하며 삼성의 전자산업 진출을 기정사실화한 전략 덕분이었다. 그러나 바로 제동이 걸린다. 국내 기업들의 위기감이 발동했고 금성사가 주축이 된 57개 회사 조합 한국전자공업협동조합이 정부에 진정서를 낸 것이다. 요지는 정부가 삼성과 산요의 합작투자를 인가하면 경쟁의 격화를 촉발해 국내 업체를 고사하게 만들 것이라는 우려와 하소연이었다. 국내 기업끼리 돕지는 못할망정 너무들 하시네라고 생각할 수도 있겠지만 빤한 내수 시장을 갈라 먹을 판이니 납득 못할 것도 아니었다. 조합은 삼성의 외국과의 합작을 물고 늘어졌다. 삼성산요의 인가 조건으로 조합은 3개 단서조항을 내놓았다. 내수 전면 금지, 수입원자재는 반드시 역수출용으로만 사용할 것 그리고 국내 부품 계열화 업체를 최대한 활용할 것 등이었다. 덕분에 생산제품의 85%는 수출, 15%는 내수용 공급이라는 사업계획을 가지고 있었던 삼성전자는 이를 전량 수출로 고쳐 써야 했다. 이듬해 정식 출범한 '삼성NEC(현 삼성SDI)'도 마찬가지다. 생산품은 무조건 전량 수출. 금성사는 삼성의 전자산업 진출은 막지 못했지만 제한을 걸어 당장의 방어벽은

칠 수 있었다. 그리고 이는 70년대 내내 벌어질 삼성과 금성이라는 별들의 전쟁, 스타워즈의 서막이었다.

알려진 대로 이병철은 일본통이다. 삼성의 전자산업진출에는 일본 미쓰이 물산의 미즈가미 회장이 큰 역할을 했다. 그는 도시바, 마쓰시타 등과의 접촉을 주선했고 이중에서 삼성에 가장 큰 흥미를 보인 것이 산요전기의 이우에 도시오 회장이었다. 이우에 도시오는 전자산업이 무에서 유를 창조해 내는, 부가가치 99%의 창조산업이라는 말로 이병철의 확신을 단단하게 만들어주었다. 이병철의 기업이념 '사업보국, 인재제일, 합리경영'에서 알 수 있듯이 인재에 대한 삼성의 무한 투자는 유명하다. 삼성전자가 설립되자 이병철이 가장 먼저 한 일도 기술자들의 일본 연수였다. 이병철은 설립 첫해에만 106명의 엔지니어를 산요전기 등에 보냈다. 삼성과 산요는 그러나 얼마 안 가 갈라서게 된다. 삼성전자와 삼성산요전기의 생산품 중 라디오, TV 등 일부 품목이 겹치면서 둘의 국내 시장에서의 경쟁이 격화되었기 때문이다. 이 상황에서 일본 산전기가 삼성산요전기에 독점 공급하는 부품과 재료의 가격이 터무니없이 높게 책정되었다는 사실까지 밝혀진다. 삼성전자는 삼성산요전기와 경쟁 관계에 있는 제품에 집중투자하며 생산에 박차를 가했고 결국 1974년 삼성산요전기는 삼성전기로 상호를 변경하면서 둘은 완전히 결별하게 된다.

1969년의 또 하나 중요한 사건은 1월에 시행된 '전자공업진흥법'이다. 제정 취지는 전자산업을 국가 중추 산업으로 진흥해 산업설비 및 기술의 근대화, 국민경제의 발전에 기여한다는 것이었다. 1960년대 중반까지만 해도 전자라는 말은 낯선 말이었다. 일본식 표현인 '전기공업'이나 '전기기계공업'이 귀와 입에 익숙했고 전자라는 단어는 1960년대 말부터 일상어로 우리 언어생활 속에 들어왔다. 법의 공포와 동시에 정부는 전자공업진흥 8개년 계획을 발표된다. 당시 경제개발이 대부분 5개년 계획이었고 제3차 경제개발계획(1972년~1976년)이 끝나는 시점과 사업을 맞추다 보니 8개년이 되었다. 목표는 계획 기간 동안 총 140억 원의 진흥자금을 투자해 사업 마감 연도인 1976년에는 전자산업부문 수출액 4억 달러를 달성하는 것이었다. 결과는 10억 3,600만 달러로 목표치의 260% 초과 달성이었다. 그해 우리나라의 총 수출액은 77억 1,500만 달러, 여기에서 전자제품이 점하는 비율은 17.6%였다.

07

대통령보다 월급이 많은 과학자들

단순 제조업이라면 상관없지만 첨단기술을 다루는 사업을 개시하게 되면 필연적으로 과학을 만나게 된다. 그러나 먹고 사는 일이 급선무였던(믿어지지 않겠지만 50년대 말까지 굶어 죽는 사람이 있었다) 대한민국에 과학 같은 '사치'가 차지할 자리는 없었다. 물론 연구소는 있었다. 당시 주요 과학기술연구소는 모두 86곳이었는데 이중 원자력연구소와 금속연료연구소를 제외하면 대부분의 예산을 연구소 관리 추진비로 사용했다. 존재를 위한 존재였다는 얘기다. 기초연구는 물론이고 응용, 개발 연구조차 거의 하지 못했다(기초연구는 알려지지 않은 사실이나 새로운 이론을 도출하려는 연구. 응용 연구는 실제 상황에서 이론적 개념을 검토하거나 결과를 개선시키는 것이 목적이다). 1965년 5월 박정희는 미국 방문길에 오른다. 한국군의 베트남 파병을 걸고 미국에 경제원조와 국군의 현대화 지원을 받아내려는 정치적인 목적을 가진 출장이었다. 5월 18일 박정희와 존슨 미 대통령은 백악관 뜰에서 12개의 의제를 담은 공동성명을 발표한다. 베트남 전쟁 파병이나 경제 원조처럼 자극적인 항목에 가려 크게 주목받지는 못했지만 성명의 마지막 항목은 장기적으로 봤을 때 어쩌면 그 모든 것들을 다 합친 것보다 더 중요한 의제였다. "한국의 공업발전에 기여할 수 있는 종합연구기관의 설립에 대한 한국의 희망을 이해하며 이에 양국 정부가 공동으로 지원할 것을 제안한다." 존슨 대통령이 발표한 이 안은 공과대학이나 하나 지어주겠다는 미국 정부의 제안에, 학교는 됐고 대신 공업기술연구소를 만들어 달라며 집요하게 물고 늘어진 박정희의 요청으로 마지막 순간 첨가된 것이었다. 그해 7월 미국은 대통령 과학고문 호닉 박사를 단장으로 하는 사절단을 파견한다. 호닉 박사와 역시 과학자인 그의 부인 릴리 호닉 박사, 피스크 벨 연구소장, 모스먼 록펠러재단 농업과학국장, 메이슨 바텔 연구소장, 마골리스 미국 백악관 과학기술국 보좌관 등 6명이 사절단 멤버였다. 호닉 박사는 1차 한미 공동회의에서 연구소 성공의 열쇠는 시설이나 규모가 아니라 우수한 과학자의 확보와 이들을 효율적으로 조직화하는데 달려 있다는 의견을 피력했다. 인재만사(人才萬事), 결국 사업은 사람이라는 호닉 박사의 조언은 박정희의 마음속에 깊게 오래 박힌다. 귀국한 호닉 박사는 한국과학기술연구소 설치에 대한 최종 보고서를 존슨 미국 대통령에게 제출한다. 그렇게 만들어진 것이 한국과학기술연구원(이하 KIST)으로 1966년 2월 10일의 일이다(당시 명칭은 한국과학기술연구소).

초대 연구소장 최형섭에게 떨어진 첫 번째 임무는 연구원의 확보였다. 그러나 경험 있고 유능한 연구자는 대부분 대학에 적을 두고 있었다. 이들을 빼오면 학교의 과학기술교육이 타격을 받는다. 결국 최형섭은 해외 거주 한국인 과학기술자를 유치하기로 결심한다. 우선 연내에 75명을 선발하고 그 가운데 30여 명은 해외 과학자로 충당하기로 계획을 세운 그는 바텔기념연구소와 의논해 연구소를 소개하는 영문 책자를 만든다(당시 KIST는 바텔의 자매기관). 책자는 미국 내 주요 연구기관과 대학, 유럽 연구소 등에 근무하는 800여 명의 한국인 과학자와 기술자들에게 발송된다. 편리하고 안락한 선진국에서의 연구자 신분을 포기하고 이제 막 도약하려는 개발도상국으로 돌아오려는 사람이 얼마나 있을지 걱정이 태산만 했지만 반응은 기대 이상이었다. 해외 연구소와 대학에 근무하는 과학자 500여 명이 응모 신청을 해 온 것이다. 연구소는 두 차례의 서류심사를 통해 78명을 선정했고 그해 10월 17일 최형섭은 두 달 일정으로 미국과 유럽 출장길에 오른다. 미국의 경우 워싱턴DC, 뉴욕, 시애틀, 로스앤젤레스, 콜럼버스, 솔트레이크시티 등 6개 도시를 돌며 밤낮으로 심층면접을 보는 살인적인 스케줄이었다. 최형섭은 이들에게 국내 산업의 실태와 문제점을 분야별로 제시하고 각자 연구계획서를 제출토록 했고 이듬해 10월 3차 면접을 거쳐 최종 합격자를 발표한다.

비화가 하나 있다. 당시 세계적인 이론 물리학자로 미국에서도 압도적인 천재였던 이휘소 박사가 연구소에서 일하고 싶다는 편지를 보내왔다. 천군에 만마를 얻는 낭보였지만 최형섭은 욕심을 꾹꾹 누르고 답장을 썼다. 너무나 고마운 말씀이지만 한국인 최초 노벨물리학상 후보자로 거론되는 이 박사는 지금 당장 한국에 오는 것보다 미국에 머물면서 연구를 더 하는 게 좋겠다는 내용이었다. 다시 답장이 왔다. 합리적이며 타당한 거절에 동의하며 언젠가 한국이 기초연구를 할 수준이 되면 반드시 불러 달라는 이휘소의 편지에는 떠나온 조국에 대한 끈끈한 애정이 담겨 있었다. 희망은 이루어지지 못했다. 이휘소는 1977년 42세의 젊은 나이에 교통사고로 사망한다. 1979년 노벨물리학상 수상자 압두스 살람은 이휘소가 현대 물리학을 10여 년 앞당긴 천재이며 이휘소가 있어야 할 자리에 내가 있는 것이 부끄럽다는 말로 수상소감을 대신했다.

1967년 11월 28일 박정희는 해외에서 귀국한 과학자들을 접견했다. 연구원들과 일일이 악수를 하고 난 박정희는 15년 안에 우리 과학기술이 일본을 넘어설 수 있도록 노력해 달라고 당부했다(박정희의 꿈은 일본보다 잘 사는 나라). 이어 혹시라도 연구계약제도가 미흡할 경우 '규정을 고쳐서라도' 이를 지원하라고 관계 장관에게 지시했다. 과학기술에 대한 박정희의 집념과 열정을 확인한 연구원들이 단체로 '업'되었음은 물론이다. 애국심은 애국심이고 조건은 조건이다. 최형섭은 연구의 자율성과 안정성 보장, 주택 제공과 자녀 교육 대책에 더해 당시 국내에는 없던 의료보험을 미국과 계약해서 적용받도록 했다. 연구원들의 봉급도 당시 국내 연구자들에 비해 파격적이었다. 연구자들이 미국에서 받던 봉급의 4분의 1 정도로 책정했는데도 당시 3만원 정도였던 국립대학교수 월급의 3배나 되었다. 서울대 공대학장이 항의 차 연구소를 방문하는 일까지 벌어졌다. 최형섭은 나한테 와서 따질 게 아니라 문교부 장관한테 건의해보라고 돌려보냈다. 다른 사람이 받는 월급을 깎을 일이 아니라 자신들의 월급을 인상하도록 노력하는 게 타당한 일 아니겠냐는 설명에 공대학장은 이후 연구소를 방문하지 않았다. 그렇다고 고액 월급 논란이 완전히 가라앉은 것은 아니었다. 고액 월급이 부당하다는 진정서가 청와대에 접수됐고 최형섭에게 연구소 봉급 명세서를 가지고 들어오라는 호출이 온다. 월급 명세서를 보던 박정희의 눈썹이 살짝 올라갔다. "나보다 월급이 많은 사람이 수두룩하구먼." 최형섭은 깎을 거면 자신의 월급만 손대고 다른 사람은 절대 안 된다며 다소 도발적으로 대답했고 박정희는 하던 대로 그대로 지급하라며 서류를 덮었다. 이후 고액 월급 이야기는 다시 나오지 않았다. 당시 박정희의 대통령 월급은 7만원 정도였다.

박정희의 과학기술 개발 전략은 '자체 개발'과 '도입 기술의 토착화'였다. 이 일의 중심에 KIST가 서게 된다. 시간과 자금이 오래 투입되는 기초과학연구나 단위 연구소가 할 수 없는 대형 국책 사업은 KIST가 맡고 사안에 따라 분야별 전문 연구소를 설립해 역할을 분담하는 방식이다. 통신기술연구소(KTRI), 전자기술연구소(KIET), 전기기기시험연구소(KERTI) 등 수많은 독립된 연구소들이 KIST의 부설기관이나 연구 파트가 커져서 분리되는 형식으로 만들어졌다. 예외는 건설기술연구원이나 철도기술연구원 정도다. 1950년대 말부터 1970년대 후반까지 통신은 라디오 중심의 전자산업과 궤를 같이하며 발전했다. 그리고 1970년대 후반 전자와 통신이 묶이면서 전자통신이라는 새로운 분야가 열린다. 이때 우리나라가 정보통신 강국으로 올라서는데 주인공 노릇을 했던 것이 전자기술연구소다. 한국통신사(史)에 대한 책을 읽다보면 비슷비슷한 이름들이 나와 헛갈린다. 간단히 정리하면 1976년 12월 전기기기시험연구소, 전자기술연구소, 통신기술연구소 등 세 연구소가 연달아 발족된다. 1981년 정부의 기구 통합 정책에 의해 전기기기시험연구소와 통신기술연구소가 통합되면서 한국전기통신연구소(KETRI)가 만들어진다. 1985년 전기통신연구소와 전자기술연구소가 합쳐지면서 이름이 전자통신연구소로 바뀌었고 1997년 전자통신연구원(ETRI)으로 개명한다. 전자통신연구원은 2022년 현재 과학기술정보통신부 국가과학기술연구회 소관이다(한편 전기기기시험연구소는 1985년 한국전기연구소로 재발족한 뒤 2001년 1월 1일 산업기술연구회 소속 한국전기연구원으로 이름을 바꾸었다).

08

전화 적체를 푸는 유일한 해법, 전자교환기

1970년대 우리나라 전화 산업의 문제점은 크게 봐서 두 개였다. 하나는 전화의 적체 현상. 즉, 공급이 수요를 따라가지 못했다. 해방 당시 5만 대 수준이었던 전화는 1960년대 들어 가파르게 증가하더니 1969년에는 50만 대, 1979년에는 200만 대를 돌파했다. 그와 함께 적체현상도 덩달아 높아진다. 1972년 말 적체건수는 1만 3천 건 정도였다. 이게 1979년에는 60만 건에 육박한다. 적체 현상이라고 하니 이해가 좀 어려울 수 있겠다. 쉽게 말해 전화를 놓고 싶은데 놓지 못하는 사람들이 늘어났다는 얘기로 전화 청약 탈락자의 숫자다. 주택청약도 아니고 전화청약? 전화라는 건 신청하면 바로 놔주는 것으로 알고 있는 지금 시점에서 들으면 현실감이 심하게 떨어진다. 그러나 사실이다. 게다가 과정이 투명하지 않았다. 서울중앙전화국이 1960년 1월 1일부터 1961년 5월 5일까지 500일 동안 인가된 전화청약 실태를 조사한 결과 충격적인 내용이 드러났다. 그 기간 설치된 전화 6,072건 중 장, 차관을 통해 이루어진 청약이 1,810건, 경찰, 검찰 등을 통해 이루어진 것이 1,266건, 신문기자를 통한 것이 1,096건 그리고 국회의원을 통해 이루어진 것이 358건이었다. 정상적인 절차를 밟아 인가된 것은 10%에도 못 미치는 530건. 그러면 이렇게 청탁을 통해 얻어낸 전화를 정직하게 썼을까. 그것도 아니었다. 체신부 간부를 압박하고 전화국 직원과 결탁해 따낸 이 전화를 웃돈을 얹어 팔았다(주택 청약 후 발생하는 'P'가 생각난다). 정말로 전화가 필요한 사람들이 판매 대상이었다. 전화 임대업도 생겼다. 전화를 빌려주고 월세를 받았는데 당시 전화 한 대의 보증금은 10만 원, 월세는 3만원이었다(당시 기업 임원의 보수가 30만 원 정도). 돈이 되는 일이라는 것을 알게 되자 여기에 전화상까지 끼어든다. 중간 거래상이 생기면서 액수는 더 올라갔다. 전화는 사회 문제로까지 대두되었다.

1969년 체신부 장관 김보현은 전화 부조리 척결에 착수한다. 신념이 있어서라기보다 청와대에 들어갈 때마다 대통령에게 한 소리씩 듣는 게 지긋지긋해서였다. 김보현의 지시를 받은 전무국장 강유원은 한 달 내내 머리를 싸매다가 전화 가입권 양도 금지를 해결방안으로 내놓았다. 전화를 사지도 팔지도 못하게 하겠다는 발상이다. 전기통신법을 개정하겠다는 체신부 발표가 나자 난리가 났다. 전화 증설도 못 하는 주제에 국민들의 재산권을 침해하는 횡포라며 반발했고 특히 전화상들이 극성을 떨었다(자기들이 하는 짓은 안 보이는 모양이다). 신문기자와 국회의원도 반대 의사를 밝혔다. 재산권 침해를 내세우긴 했지만 속내는 자신들의 권력 하나가 떨어져 나갈까봐 그게 싫었던 것이다. 체신부 내부에서도 반대하는 목소리가 나왔다. 전화 인가는 체신부 직원들의 유일한 돈줄이었던 것이다. 대한민국을 통틀어 법 개정에 찬성하는 사람은 딱 셋이었다. 강유원, 김보현, 박정희. 강유원은 국회의원들을 찾아가 설득을 했고 신문기자들을 상대로 법 개정의 필요성을 이야기했다. 이익은 논리를 이기지 못한다. 극렬한 반대 논조는 잦아들었고 법 개정 발표를 얼마 앞두지 않은 상황이었는데 그만 악재가 터진다. 전기통신법 개정을 하면서 체신부는 이듬해인 1971년에 전화 공급을 14만 대 늘리기로 했는데 이게 예산안 축소로 반으로 줄어버린 것이다. 또 다시 증설도 제대로 못 하는 주제에 사유권 침해부터 하고 있다는 너나 잘 하세요 공세가 쏟아졌다. 국회법사위원회에서 중재안을 내놓았다. 법 개정을 하되 신설전화에만 적용하는 것으로 하고 기설 전화는 예외로 하면 어떻겠다는 의견이었다. 며칠 고민 끝에 강유원은 전화 이원화를 선택할 수밖에 없었다. 보고가 올라가자 박정희는 애초의 안이 간단한데 하며 아쉬움을 표했다. 그렇게 해서 전기통신법이 개정된다. 그날 이후 판매를 금지하는 전화는 청색전화, 사고 팔 수 있는 전화는 백색전화로 불리기 시작했다. 전화기 색상이 달라서가 아니라 신설전화는 가입전화에 대한 사항을 기재하는 원부의 색깔이 청색이었고 기설 전화는 원부 색깔이 백색이었기 때문이다. 전화 부조리는 줄어들었다. 그러나 부작용이 있었으니 기설 전화 즉 백색전화의 가격이 엄청나게 치솟기 시작한 것이다. 수요는 많고 공급은 부족하다보니 발생하는 어쩔 수 없는 상황이었다. 전화 한 대의 값이 300만 원까지 뛰어올랐는데 당시 압구정동 30평대 아파트의 가격이 300만 원이었으니 전화 한 대가 집값인 참 경이적인 시절이었다. 이 과정에서 벌어진 '웃픈' 일화 둘이 있다. 청와대 안주인 육영수가 강유원에게 부탁을 했다. 아들인 박지만의 가정교사 집에 전화를 달아달라고 하는 청탁이었다. 할 수 없이 백색전화를 사서 달아주었다. 두 번째 청탁은 내무부 장관 박경원이다. 박경원은 강유원이 몇 년 전 장관으로 수행했던 인물이었다. 눈물을 머금고 역시 백색전화를 사서 달아주었다. 자기 돈으로 했을까. 그랬을 리가 없다. 그냥, 그런 시절이었다.

전화 산업의 두 번째 문제는 통화 품질 불량이었다. 전화를 걸고 상대와 통화를 하는데 다른 신호가 울리거나 전화가 끊어졌다. 가끔은 엉뚱한 가입자와 연결되는 일까지 있었다. 통화완료율이라는 게 있다. 한 번 전화를 걸었을 때 사고 없이 통화가 종료되는 비율을 말한다. 미국, 일본은 75%였다. 우리는 40% 밑이었다. 절반의 성공도 못 하는 실정이었고 시외전화의 경우는 20% 밑으로까지 떨어졌는데 연결 중에도 잡음이 심해 상쾌한 통화가 불가능했다. 이유가 몇 가지 있다. 전화국의 수용 용량을 넘어선 가입자 숫자다. 당시의 적정한 수용률은 70%였다. 가령 한 전화국이 1만 회선의 교환시설을 보유하고 있을 경우 전화 가입자의 숫자는 7천 명 정도가 적당하다는 얘기다. 1970년대 후반 우리나라 시내전화의 수용률은 95%까지 올라갔다. 통화 품질이 나쁜 또 하나의 이유는 전송선로 등 기초시설이 허약했기 때문이다. 교환시설과 전화국 간 중계선로의 신설이 전화 가입자 수 증가를 따라가지 못했다. 전화의 대략 공급과 통화 품질 개선이라는 두 마리 토끼를 잡는 방법이 딱 하나 있었다. 전자교환기였다.

해결책을 알고 있으면서도 전자교환기를 도입하지 못한 이유는 간단하다. 일부 선진국에서만 사용하고 있는, 후진국에서는 감히 생각하기 어려운 신기술이었기 때문이다. 전자교환기 도입 결정이 난 것이 1976년 2월이다. 경제부총리 남덕우는 경제 관련 부처 장관들과 간담회를 하다가 이를 전격적으로 결정했다. 관계부처와 협의하고 정식으로 문서를 기안해 대통령의 결재를 받는 일반적인 방식이 아니었다. 분위기 때문에 정작 당사자인 체신부 장관 박원근은 의견 한 번 제대로 내보지도 못하고 결정에 따를 수밖에 없었다. 이유가 있었다. 남덕우는 통신 전문가가 아니라 경제학자 출신이다. 그런 그가 전자교환기 도입을 밀어붙인 것은 자신이 비서실장으로 특채한 뒤 경제기획국장으로 앉힌 김재익의 강력한 주장 때문이었다. 1938년생인 김재익은 경기고 2학년 때 검정고시를 거쳐 서울대 외교학과에 입학했다. 원래는 기계공학에 관심이 많아 공대 진학이 목표였으나 색약(특정 색깔 구분 불가)인 탓에 외교학과를 선택했다. 대학 졸업 후 한국은행에 수석으로 입사했고 모교에서 국제정치학 석사 과정을 밟았다. 이후에는 미국으로 건너가 경제학 석사와 통계학 석사를 했고 스탠포드 대학에서 경제학 박사 학위를 받았다. 한마디로 말해 공부 천재였다. 비서실장 무렵 김재익의 관심사는 통신이었다. 사회간접자본으로써의 통신의 중요성을 간파한 그는 우리나라 경제 발전에 있어 가장 급선무가 통신이며 그리고 구체적으로는 전자교환기 도입이라는 사실을 깨달았다. 김재익의 논리는 이랬다. 국토가 좁고 부존자원이 빈약한 우리 같은 나라는 서비스 산업이 제격이며 특히 금융 산업이 중심이 되어야 한다. 금융 중심지가 되려면 통신이 뒷받침이 되어야 한다. 통신이 제 기능을 하려면 최첨단 방식인 전자교환방식을 갖춰야 한다. 이런 프로세스를 확신한 그는 여러 차례 전자교환기 도입을 추진했지만 번번이 체신부 관료들의 벽에 가로막혔고(우리 기술로 그게 되는 줄 아느냐) 기존의 기계식 교환기를 생산하는 업체들의 반발에 좌절해야 했다. 그래서 남덕우를 설득해 반대나 반발이 나올 절차를 다 건너뛰고 이를 성사시킨 것이었다.

구체적인 실무 작업은 KIST에 맡겨졌다. 전자교환기 도입의 타당성 검토를 체신부에 넘겼다가는 결론이 뻔했기 때문이다. 전자교환기 도입이 결정 되던 날 김재익은 원자력연구소 에너지계통연구실장 경상현 박사에게 전화를 걸었다. 전자교환기 도입 검토 프로젝트를 맡아달라는 제안이었다. 나중에 대한민국 초대 정보통신부 장관이 되는 경상현은 서울대학교 화학과를 거쳐 매사추세츠 공과대학교(MIT)에서 공학 박사를 받은 역시 손꼽히는 수재였다(이 이름도 앞으로 자주 등장한다. 밑줄 쫙). 그는 AT&T의 벨연구소에서 처음 통신과 인연을 맺었는데 9년 동안 통신망 계획에 관한 업무를 한 이력이 있었다. 경상현은 자신의 소속이 원자력연구소인데 그게 말이 되냐고 거절한다. 잠시 후 경상현은 윤용규 원자력연구소장의 호출을 받는다. 3~4개월이면 끝나는 문제니까 KIST로 파견발령을 낸다는 얘기였다. 윤용규에게 전화를 한 사람이 누구인지는 설명하지 않아도 되겠다. 김재익이 경상현을 처음 만난 것은 1975년 가을 과학기술처가 주최한 회의석상이었다. 김재익은 경상현에게 다가가 말을 걸었다. "벨연구소에서 통신계획을 다루셨다고 했는데 혹시 전자교환기와 기계식 교환기의 경제성 비교라든가 어떤 경우에는 전자식이, 어떤 경우에는 기계식이 유리한지 같은 연구도 해보셨습니까." 그게 바로 자기가 벨연구소에서 다뤘던 연구들이었다는 경상현의 대답에 김재익을 속으로 유레카를 외쳤다. 경상현을 자기 방으로 끌고 간 김재익은 그동안 가지고 있던 몇 가지 궁금증을 해소할 수 있었고 내친 김에 남덕우에게도 인사나 하자며 다시 부총리실로 데리고 갔다. 남덕우는 대뜸 최근 대만이 전자교환기를 채택했는데 거기에 대해 어떻게 생각하느냐고 물었다. 경상현은 대만 사정에 대해 아는 것이 없었다. 세계 교환기 시장을 독점하고 있던 AT&T의 입장에서는 외국의 기술발전 따위에 관심을 가질 필요가 전혀 없었으니 당연한 일이었다. 경상현은 그러나 남덕우가 듣고 싶은 대답을 해줬다. 대만이 채택했다는 전자교환기가 어떤 것인지는 모르겠지만 인구가 증가하는 지역에서 전자교환기는 대세이며 경제성과 장래성이 있다면 안 할 이유가 없다는 얘기였다. 이후 김재익은 시간이 날 때마다 경상현을 찾아갔고 자신의 생각과 계획을 정리해 나갔다. 그런 인연이 있었기에 김재익은 경상현을 프로젝트의 책임자로 임명해달라고 남덕우에게 부탁을 한 것이었다.

체신부의 전자식 교환기 반대도 단지 관료조직의 보수성 때문만은 아니었다. 초기 시설비가 기계식에 비해 두 배 가까이 들고 현실적인 생산 기술과 자금과 운용 기술이 턱없이 부족했다. 이건 좀 설명이 필요하다. 바로 통화완료율이다. 당시 사용하던 '스트로저'나 'EMD'방식은 통화완료율이 낮아도 큰 문제가 안 된다(기술적인 설명은 생략한다. 알면 좋기야 하겠지만 50년 전 기술을 굳이 이해할 필요까지는 없을 듯). 반면 공통제어방식인 '크로스바'나 전자교환기는 통화완료율이 낮으면 통화가 잘 안 된다. 체신부 입장에서는 전망이 불투명한 전자교환기로 바꾸는 일에 나설 이유가 없었던 것이다. 여기다 국내의 기계식교환기 생산업체들의 로비까지 가세했다. 현재 기계식 교환기의 수명이 남아 있는데 새 시설을 도입해 외화를 낭비하고 중복 투자를 하려 한다며 김재익을 매도했고 중앙정보부까지 동원해 압력을 가했다. EMD 교환기의 기술 도입선인 독일의 지멘스도 공작에 나섰다. 주한 독일 대사까지 앞세워 철회 압박을 했는데 김재익은 대사 부부를 저녁 식사에 초대해 설득에 나섰다. 독일에서도 이미 구식으로 생각해서 쓰지 않는 EMD를 한국에서 계속 쓰게 하면 되겠느냐는 김재익의 역공에 독일대사도 입을 다물 수밖에 없었다.

그러나 경상현에게 할당된 4개월이란 연구 기간은 너무 짧았다. 깊이 있는 계발 계획은 애초에 불가능했고 과도기 동안 잠정적으로 사용할 교환기 선정 문제만으로도 시간이 벅찼다. 정확한 단가 책정이 어려웠던 태스크포스팀에서 내놓은 결론은 국제입찰이었다. 경험이 없다 보니 입찰 규격서를 만드는 일도 홍콩 회사와 용역계약을 맺어 진행해야 했다. 1976년 4월 국제입찰이 시작된다. KIST 소장 명의로 미국의 WEI와 ITT, GTE, 일본의 NEC와 후지쓰 그리고 독일의 지멘스 등 6개 회사에 1천여 페이지에 이르는 입찰 안내서가 발송되었다. 앞으로 5년 간 각각 50만, 100만, 150만 회선을 생산할 경우 시설투자비를 포함한 회선 단가, 연도별 국산화 계획, 합작과 기술 이양 조건의 명기가 주요 내용이었다. WEI를 제외한 5개 회사가 응찰했다. 가격은 NEC가 회선 당 170달러로 제일 낮았고 후지쓰는 190달러, 지멘스가 440달러, ITT가 450달러 그리고 GTE는 550달러였다. 기술도입 조건에 따라 그렇게 차이가 난 것인데 어느 것이 나은지 결정을 내릴 수가 없었다. 2주일 간의 입찰서류 검토 끝에 나온 결론은 전자교환기 채택을 원칙적인 정책방향으로 하며 현시점에서는 공간분할 전자교환방식의 채택이 타당하며 이를 위해 자율성 있는 기구를 설치한다는 것이었다. 그리고 프로젝트팀은 해산한다. 참 밋밋한 결론이었다.

체신부 차관인 이경식이 경상현을 호출한 것은 며칠 뒤였다. 충분히 타당성이 있다는 의견만으로는 의사 결정이 어려우니 연말까지 더 검토를 부탁한다는 얘기였다. 7월 초 팀이 재구성된다. 팀의 목적은 응찰 업체로부터 추가 자료를 받아 1차 검토 시의 의문점을 해소하는 것과 협상을 통해 가격을 조정하는 것 그리고 마지막이 가장 중요한 기술 제공은 어떤 방식으로 해줄 것인가 결정하는 것이었다. 동시에 교환기 기종의 선정과 도입에 따른 제반 문제를 담당할 전자통신개발추진위원회(TDTF)가 발족한다. TDTF는 몇 가지 중요한 원칙을 결정해 청와대에 보고했는데 박정희는 단순히 물건만 들여와서는 곤란하고 반드시 기술을 충분히 받아들여 우리나라 기술자들에게 제대로 전수되도록 하라는 잔소리를 잊지 않았다. 이때 만들어진 것이 한국전자통신연구소로 나중에 통신기술연구소로 이름을 바꾼다. 전자교환기를 들여오는 것과 병행해서 전자교환기 생산회사가 설립된다. 국방과학연구소 부소장 이만영이 사장으로 발탁되었고 1977년 2월 한국전자통신주식회사(이하 KTC)가 출범한다. 공장은 구미전자단지에 배치되었는데 5만 8천 평 부지에 연간 66만 회선의 교환기를 생산할 수 있는 규모였다. 업체 선정 일정도 빨라진다. 입찰 업체 중 최종적으로 후지쓰와 ITT 두 곳이 후보에 오른다. 가격에서 우위를 보인 것은 후지쓰였다. 그러나 후지쓰는 기술 이전에 소극적이고 심지어 방어적이었다. 이만영은 두 회사에 공문을 보낸다. 연간 66만 회선의 생산을 목표로 5만 8천 평 부지에 공장을 짓는데 거기에 필요한 기계배치도, 냉난방시설, 필요한 기술자와 생산인력의 숫자 그리고 훈련계획을 알려달라는 내용이었다(우리 입장에서야 꿩 먹고 알 먹기지만 업체의 시각으로 보면 날로 먹겠다는 소리로 들렸을 수 있겠다). 후지쓰가 달랑 10장짜리 답변을 보낸 것과 달리 ITT는 벨기에 앤프워프에 있는 공장 설계도와 가격 그리고 기술자 훈련계획 등 요구 사항 일체에 대한 성실한 답변을 보내왔다. ITT로 분위기가 기운 것은 당연한 일이다. 게다가 ITT는 후지쓰와 달리 해외 수출 경험도 있었다. 경제장관 간담회에서 ITT 선정이 확정된다. ITT는 소소한 것들에서도 협조적이었다. ITT가 천사라서가 아니다. ITT는 진짜 목표는 거대한 중국 시장이었다. 한국을 중국 진출의 교두보로 삼을 속내가 있었기에 아주 밑지는 장사가 아니라면 한국 쪽 요구를 가능한 한 들어주었던 것이다. 1977년 9월 도입 기종이 M10CN(정식 명칭은 metaconta 10CN electronic switching system)으로 결정되었고 기술도입 총괄계약이 체결된다. 한국 측에서는 TDTF와 KTC 대표, ITT 쪽에서는 교환기 자재를 납품하는 계열회사 ITT 대표와 교환기를 생산하는 벨기에 소재 자회사인 BTM 대표가 참석했다. KTC는 1978년 3월 구미 공장 건설에 착공했고 1979년 3월 완공 후 BTM에서 들여온 부품을 조립, 생산한 교환기를 체신부에 납품한다. 교환기는 같은 해 12월 영동전화국과 당산전화국에 1만 회선씩 설치된다. 우리나라 최초의 전자교환기였다. 전자교환기의 도입은 단순히 전화회선 증설 차원의 문제가 아니다. 우리나라 전자산업이 가전제품 생산시대를 졸업하고 산업전자시대로 진입하는 상징적인 사건이며 컴퓨터와 반도체가 중요한 구성요소가 되는 전자교환기의 특성상 전자산업 전반이 한 차원 높은 단계로 올라서는 계기가 된다.

체신부는 1980년대 중반까지 전화 문제를 완전히 해결한다는 전제하에 공급계획을 대폭 상향조정한다. 1982년부터는 연간 100만 대 공급 그리고 1984년에는 모든 교환기를 전전자교환기로 교체하는 것이 목표가 된다. 이 과정에서 체신부 내에서 전자교환기 제2기종 선정 문제가 논의되기 시작한다. 급변하는 통신 환경에서 다양한 기종의 전자교환기 수용이 국내 기술 발전에 도움이 될 것이라는 이유였다. 제1기종으로 선정된 M10CN이 대용량 수용에 문제가 있고 BTM 공장의 연간 생산능력도 30만 회선 밖에 안된다는 것 또한 문제가 되었다. 제2기종을 선정하는 국제입찰은 1979년 6월 20일에 마감된다. 내자와 외자를 합쳐 100만 달러에 달하는 우리나라 국제입찰 사상 최대 규모였다. 미국의 WE와 GTE, 서독의 지멘스 그리고 일본의 후지쓰와 NEC를 대상으로 했는데 규모가 크다 보니 GTE는 삼성 GTE(나중에 삼성반도체통신으로 이름이 바뀐다)와 지멘스는 금성통신과 후지쓰는 대한통신과 공동으로 응찰했고 AT&T의 자회사인 WE는 파트너 없이 단독으로 응찰했다. 정부는 원래 7월 말까지 기종 선정을 끝낼 계획이었지만 규모가 큰 데다 정부 부처 간의 이해가 엇갈려 작업은 지연된다. 가령 체신부는 교환기의 성능과 국산화 문제에 초점을 맞췄지만 상공부는 한미 간 무역현안인 석유 공급 및 컬러 TV에 대한 미국의 수입규제조치와 연동해서 이 문제를 풀고 싶었다. 우여곡절 끝에 WE의 No.1A가 제2기종으로 선정된다. 가격이 높다는 것이 흠이었지만 AT&T의 뛰어난 기술과 영향력 등이 가점 이유였다. 그러나 기종 선정이 미국에 컬러 TV를 수출하는 문제와 연관되어 있었다는 사실을 알 만한 사람은 다 알고 있었다. 상공부의 승리였던 셈이다. 참고로 1차 기종이나 2차 기종이나 둘 다 반(半)전자 교환기다. 전화 교환기는 통화로 부와 제어 부로 구성되는데 통화로 부에는 전기 기계적인 접점을, 제어 부에는 반도체 다이오드, 트랜지스터 등의 전자 부품을 사용한 교환기를 말한다. (컨트롤회로나 스위치회로 중의 하나는 아날로그 공간분할). 반전자교환기는 2003년 6월 광화문지사에 남아있던 NO.1A, 7만 4000회선이 철거되면서 역사 속으로 사라진다.

제3부

1차 통신 혁명 TDX와 반도체 강국 선언

09

한국통신과 데이콤 출범하던 날

체신부에서 전기통신 사업의 분리는 우리나라 정보통신 산업에서 큰 의미가 있는 사건이다. 공사화 논의가 없었던 것은 아니다. 그러나 계속 유야무야된 것은 공무원 조직의 특성 때문이다. 공무원 조직의 가장 큰 목표는 현상 유지다. 크게 문제될 일이 없는 한 체제를 유지하고 싶어 한다. 유독 우리나라만 그런 게 아니다. 전 세계 공무원 조직이 다 그렇다. 체제를 보수, 유지하는 업무 특성상 변화를 기피하는 것이다. 그러나 그 보수적인 태도에도 어쩔 수 없는 일이 발생했으니 그게 전자교환기의 도입이다. 기계식 교환기는 부품이 눈에 보인다. 전자교환기는 눈에 보이지 않는 기술이고 이들은 육안으로 이를 확인하는 대신 회로를 보고 이해한다. 한마디로 고급기술이고 신기술이다. 기계식 교환기를 다루는 기술자에게 전자교환기를 다루라고 하는 것은 선풍기를 만드는 사람에게 에어컨을 만들라고 하는 것과 다르지 않다. 하고 싶어도 못한다. 그럼 에어컨은 만들 수 있는 기술을 가진 사람을 채용해야 하는데 기존의 봉급 체계로는 이게 불가능하다. 공무원 봉급 체계, 인사 제도, 조직을 가지고는 감당할 수 없는 일이 발생한 것이다. 이는 행정 기능과 사업 기능이 혼재되어 있던 체신부의 어쩔 수 없는 약점이었다. 큰 그림으로 보면 전자교환기 도입 자체가 사실상 공사화를 전제로 이루어진 일이었고 분리는 피할 수 없는 사안이었다. 말한 대로 공무원 조직 간에도 경쟁과 알력이 있으며 몸집을 줄이는 것은 치명적인 행위다. 제 팔로 제 살을 도려내는 이 일을 떠맡은 게 1980년 9월 체신부 장관에 취임한 김기철이다.

1917년생인 김기철은 은퇴한 정치인이었다. 대통령인 전두환과의 접점도 찾을 수 없었기에 그의 발탁은 사람들의 궁금증을 자아내기에 충분했다. 여기서 전자교환기 도입을 주도했던 김재익의 이름이 다시 등장한다. 김기철을 추천한 사람이 청와대 경제수석이었던 김재익이었고 두 사람은 같은 성당에 다니고 있었다. 단지 그 이유만으로? 김재익은 그런 종류의 사람이 아니다. 조심스러운 추론이지만 김재익은 김기철과 전기통신 사업 분리를 놓고 사전에 밀담을 나누었을 가능성이 높다. 그럼 김기철은 그저 자리

욕심만으로 그런 제안을 받아들였을까. 김기철은 1954년 개원한 3대 국회 시절 정책질의에서 전기사업 공사화를 주장한 적이 있다. 1952년 일본의 전기통신사업이 일본 체신성에서 분리되어 일본전신전화주식회사(NTT)로 독립하는 것을 보고 그게 맞는 방향이라고 생각했기 때문이다. 김재익은 전기통신사업의 경영체제 개편만이 살 길이라고 생각했고 김기철 역시 이미 한참 전에 분리 주장을 했던 까닭에 두 사람의 의기통합은 어렵지 않았을 것이다. 다시 한 번 말씀드리지만 그저 추측이다.

김기철이 '통신사업 경영체제 개편'이라는 제목의 문서를 들고 청와대를 들어간 게 12월 9일이다. 체신부 장관 취임 겨우 100여 일, 그러니까 전기통신공사 설립은 못 해서 안 한 게 아니라 안 해서 못한 거였다. 데이터 통신 전담 회사 설립까지 함께 들어간 서류에 전두환은 바로 서명을 했다. 취임 직후 현안 보고 때 체신사업 중 민영화가 가능한 부분은 가급적 빨리 진행하라는 지시를 내렸던 전두환이었으니 당연한 일이다. 점심까지 대접받고 기분 좋게 돌아오던 김기철에게 청와대에서 호출이 온다. 다시 들어오라는 얘기였는데 불길했다. 아니나 다를까 전두환은 멋쩍은 표정으로 사업 보류를 요청했다. 불과 몇 시간 전에 사인을 했으니 민망하기도 했을 것이다. 반대 의견이 만만치 않다는 전두환의 말에 김기철은 망설이지 않고 양복 안주머니에서 사표를 꺼냈다. 소신을 꺾을 바에는 사직하는 게 도리라는 김기철의 말에 전두환은 당황하는 눈치였다. "아, 뭐 그렇게까지 하실 필요는 없고… 그 얘긴 없었던 걸로 합시다. 추진하십쇼." 그렇게 공사화는 아슬아슬하게 확정된다.

1981년 3월, 5공 정부가 정식 출범한다. 김기철의 후임으로 체신부 장관이 된 인물은 최광수였다. 외교관 출신의 최광수는 국방부 차관, 대통령 비서실장, 무임소 장관 등을 거친 인물로 그야말로 실세 중의 실세였다. 취임 2개월 만에 최광수는 청와대 경제과학비서관 오명을 차관으로 발탁한다. 전자통신이라는 새로운 기술을 다뤄야 하는 사안인 만큼 관료가 아니라 전문가가 필요했다. 오명의 체신부 차출을 가장 반긴 사람은 김재익이었다. 최광수의 차출 요청에 김재익은 군말 없이 오명을 체신부로 보낸다. 한국통신의 설립을 앞두고 가장 어려운 작업은 6만 8천여 명에 달하는 체신부 직원을 남는 자와 떠날 자 둘로 나누는 일이었다. 최광수는 몇 가지 원칙을 가지고 인원을 쪼갰다. 전화업무 종사자는 공사로 보내고 우편업무 종사자는 체신부에 남게 했다. 업무 구분이 모호할 경우 본인의 의지를 최대한 반영했다. 마지막으로 55세 이상은 체신부 잔류를 결정했다. 인사란 게 어떻게 해도 뒷말이 나오기 마련이다. 그러나 잡음 하나 없었다. 예외가 없었고 원칙대로 했으며 무엇보다 신속했다. 실세 장관 최광수니까 가능했던 일이다. 다음은 공사 직원들의 월급 조정 문제였는데 국영기업체 중 가장 대접이 좋았던 한국전력 수준으로 맞추자니 무려 50% 인상이라는 계산이 나왔다. 파격이었지만 향후 대졸자들이 가장 선호하는 직장으로 키우려면 그 정도는 감수해야 했다. 재원 마련으로는 전화요금 인상이라는 가장 쉬운 방법을 골랐다. 2차례에 걸쳐 시내전화 요금을 12원에서 20원으로 올렸다. 1982년 1월 1일 자본금 2조 5,000억 원에 사원 3만 6천 명의 한국통신(KT)이 출범한다.

국내 최대의 공기업 한국통신 초대 사장 자리는 신군부 출신의 국회의원 이우재에게 돌아간다. 이우재는 육군 통신감 출신으로 통신에 대해 잘 알기는 했지만 경영이라는 측면에서 한국통신 사장 자리는 절대 만만한 게 아니었다. 처음 전두환으로부터 제안을 들은 이우재는 자리를 고사했다. 체신부 장관을 지낸 수준의 명망가를 앉히는 것이 맞는다며 오히려 전두환에게 사람을 추천했다. 전두환의 대답이 걸작이었다. "전쟁이 나면 통신공사 사장이 군 통신감을 겸해야 하는 거야. 잔말 말고 당신이 맡아." 전쟁까지 끌어다대며 밀어붙인 임명이었기에 누구도 토를 달지 못했다. 나중에 알려진 일이지만 이우재는 체신 가족이었다. 아버지는 전화수리

원이었고 박봉으로 키운 아들이 통신회사 사장 자리에 까지 올랐으니 인간사가 참 묘하다.

한국통신의 설립과 함께 주목해야 할 것이 데이터 통신 회사 즉 데이콤이다. 김기철 장관에게 데이터 통신 전담회사 설립을 건의한 사람은 오명이었다. 데이터 통신이라는 말 자체가 낯설었던 시절이다. 오명은 컴퓨터 시대가 열리면서 전화선을 통해 수많은 자료가 오가는 새로운 방식의 통신이 탄생하게 될 것이라며 김기철을 설득했다. 음성통신 다음은 데이터 통신이라는 얘기였다. 처음 나온 안은 데이터 통신을 한국통신 안에 두는 것이었다. 그러나 한국통신이 설립되면 전화 문제에 매달리기도 바쁠 텐데 데이터 통신까지 돌볼 여력이 있겠느냐는 목소리에 힘이 실렸고 독립회사 설립 쪽으로 방향이 잡힌다. 이미 전두환의 결제까지 받은 사안이었지만 설립은 바로 진행되지 못했다. 체신부 간부 중에도 데이터 통신이라는 말을 이해하는 사람은 거의 없었기 때문이다. 차관으로 체신부에 온 오명은 데이터 통신부터 챙기기 시작했다. 그는 전담회사 설립 추진위원회를 만들고 위원장 자리를 맡았다. 위원에는 전자교환기 도입 때 큰 역할을 했던 경상현도 들어있었다. 오명은 설립전담반장 박종현에게 '매일 5분 보고'를 지시한다. 매일 5분씩 새로운 내용을 보고하기 위해 박종현은 그야말로 발에 땀이

나도록 뛰어다니고 머리가 터지도록 내부 회의를 해야 했다. 신설되는 데이콤 사장 자리를 놓고 물망에 오른 것은 성기수와 이용태였다. 둘 다 우리나라 컴퓨터 업계의 거물이었지만 성기수는 소프트웨어 전문가였고 이용태는 컴퓨터 개발, 생산에 관심이 많았다. 전자기술연구소 부소장 출신의 이용태는 대기업을 찾아다니며 컴퓨터 개발 사업 투자를 제안하다가 반응이 시원치 않자 자기가 직접 전문가 몇을 모아 삼보 컴퓨터를 차린 경력을 가지고 있었다. 그러니까 기업가 기질이 있는 사람이었고 반면 성기수는 어느 모로 봐도 딱 과학자였다. 오명의 선택은 이용태였다. 컴퓨터도 알고 사업도 아는 사람이 필요했다. 한국 데이터 통신, 데이콤의 이야기는 나중에 다시 나온다.

10

국내 최대 240억 프로젝트와 전(全)전자교환기의 국내 개발

김기철이 한국통신과 데이콤을 탄생시켰다면 후임인 최광수는 한국형 전자교환기라는 이름의 디지털 전자교환기를 우리나라 통신 역사에 쓴 인물이다. 최광수가 처음 디지털 전자교환기 개발을 회의 의제로 올렸을 때 회의장은 주먹만 오가지 않았다 뿐 논쟁이 거의 난투극 수준이었다. 그게 말처럼 쉬운 일인 줄 아느냐 고함을 지른 건 체신부 기술직 국장들이었고 주요 부품을 국제시장에서 사다가 쓰면 된다고 목청 높여 반박한 건 행정직들이었다. 기술직은 기술을 알기에 반대하고 행정직은 기술을 모르니까 찬성한 것이다(원래 남의 영역은 쉬워 보인다). 컨트롤회로나 스위치회로 중의 하나는 아날로그 공간분할 반(半)전자교환기와 달리 전(全)전자교환기는 명칭만 비슷할 뿐 완전히 다른 차원의 기술이다. 5톤짜리 배와 1,000톤짜리 배를 생각하시면 된다. 둘 다 같은 배지만 절대 같은 배가 아니다. 전전자교환기 개발 문제를 떠맡은 것은 '기술의 오명'이었다. 그는 전기통신연구소 소장 최순달과 선임연구부장 경상현을 불러 개발 계획과 소요자금에 대한 보고서를 작성토록 했다. 연구소에서 뽑아 온 견적은 290억 원이었다. 패기만만한 오명이지만 아마 속으로 많이 놀랐을 것이다. 5년이라는 장기 프로젝트이긴 했지만 당시까지 그런 엄청난 액수의 개발 계획은 없었다. 당장 전기통신연구소만 하더라도 1981년도 연구개발비는 24억 원에 불과했고 이 중에서도 전자교환기 개발 부문에 투입되는 예산은 겨우 1억 6천만 원이었다. 깎고 조정을 거듭한 끝에 액수는 240억 원으로 내려간다. 계획서를 들고 온 오명에게 최광수는 물었다. "개발이 가능하긴 하오? 그리고 경제성은 있는 거요?" 해보지도 않은 것이니 오명 입장에서는 개발이 가능하다고 대답할 수밖에 없었다. 최광수를 설득한 것은 가능성보다는 오히려 경제성이었다. 240억 원이 큰돈 같지만 최소한의 교환기 역할을 할 수 있는 것을 만들다 보면 원가 계산을 정확히 할 수가 있고 이를 토대로 외국 교환기를 들여올 때 10%나 20%까지 가격 협상이 가능하다는 논리였다. 오명의 주장대로라면 5,000억 원의 교환기를 들여올 때 10%면 500억이요 20%면 1,000억이었다. 이 역시 현실에서는 어떻게 될지 모르는 일이지만 숫자를 동원한 오명의 설명은 묘하게 설득력이 있었다. 반드시 제품 개발을 성공하기 위해서뿐만 아니라 물건값을 깎을 수도 있다는 말에 최광수의 마음이 움직이기 시작한다.

최광수가 바로 결정을 내리지 못한 것은 돌다리도 무너질 때까지 두드려보고 건너는 그의 스타일이나 막대한 예산 때문만이 아니었다. 누구를 붙잡고 물어도(오명 말고) 전자교환기 개발에 대해 부정적인 답변만 돌아왔다. 체신부 간부는 거의 대부분 반대였고 기술직 가운데 찬성하는 사람은 과장급 두어 명이 전부였다. 산업계의 의견도 반대 일색이었는데 전자교환기 개발이 고도의 신기술이라는 이유 외에도 외국 전자교환기의 조립, 생산으로 한참 재미를 보고 있던 자신들의 밥그릇을 지키기 위한 속셈도 있었다. 전자교환기 수출길이 막히는 것을 손 놓고 두고 볼 수 없었던 외국 업체들은 더 했다. AT&T나 ITT 간부들은 내한할 때마다 체신부를 들쑤셨다. 240억 원이 큰돈 같지만 개발을 해본 입장에서 보면 푼돈에 불과하다, 자금은 그렇다 치고 개발 인력은 어쩔 것이냐, 실패했을 경우 대체 어떻게 감당하려고 그러느냐 등등 체신부 간부들이 들으면 모골송연, 가슴이 철렁 내려앉는 이야기들뿐이었다. 우리나라에 농어촌용 전자교환기 DMS-10을 팔기 위해 혈안이 되어 있던 캐나다 통신회사 NT의 사장은 직접 최순달을 찾아가기도 했다. 둘의 대화는 이런 식으로 오갔다고 한다. 재구성해 본다.

"당신이 전자교화기를 개발한다면서?"

"그렇다."

"전자교환기가 얼마나 복잡하고 어려운 기계인지 아는가?"

"모른다."

"우리가 그동안 얼마나 많은 사람과 돈을 들여 개발한 줄 아는가?"

"모른다."

"모르면서 뭔 개발?"

"우리는 당신네들처럼 고급교환기를 만들려는 것이 아니다. 통화만 되는 교환기를 만드는 게 일차적인 목표다. 그 다음에 더 좋은 것을 만들면 된다. 개발하다가 안 되면 당신네들처럼 경험 있는 회사에 찾아가 기술을 전수해 달라고 부탁할 거다."

"부탁을 들어주지 않으면 어떻게 할 것인가?"

"당신네 회사 엔지니어를 매수하겠다."

"매수가 안 될 때는?"

"당신네 회사 가까운데 있는 호텔에 머물면서 술을 사주겠다고 엔지니어들을 방으로 유인한 뒤 기술을 안 가르쳐주면 총으로 쏘겠다고 협박하겠다."

무례가 아니었다. 어떻게든 기술 개발에 성공하고 싶다는 속마음을 에둘러 표현한 것이다. 같은 업종에 종사하는 입장에서 오기와 의지 그리고 절박함에 NT 사장은 고개를 끄덕일 수밖에 없었다.

"그런 자세라면 성공할 수 있겠다."

오명이 자리를 걸면서까지 이 일을 추진할 수 있었던 것은 얼마 전까지 몸담고 있던 청와대 경제비서실 팀의 '전자산업 육성계획'을 알고 있었기 때문이다. 1986년까지 생산은 105억 달러, 수출은 70억 달러를 달성하기로 한 이 계획에서 육성하기로 한 3대 전략 품목 중 하나가 전자교환기였다. 나머지 둘은 반도체와 컴퓨터. 오명은 최종적으로 최순달과 경상현을 호출한다. 할 수 있겠느냐는 오명의 질문에 최순달은 하는 데까지 해보겠다고 대답한다. 하는 데까지 하다가 안 되면 어쩌겠냐는 물음에 최순달은 자기가 사표를 내겠다고 대답한다. 사표 내서 될 일이면 누군들 못하겠냐는 말에 최순달은 대꾸할 말을 찾지 못했다. 오명은 최순달의 어깨에 엄청난 짐을 지워주는 것으로 회의를 마무리한다. "아직까지 우리나라에서 이만한 대형 프로젝트를 진행해 본 적이 없어요. 이 프로젝트가 성공하면 앞으로도 또 다른 몇 백 억짜리 프로젝트가 이어질 거고 실패하면 당분간 대형 프로젝트는 생각하기 어려울 것입니다. 이 프로젝트가 실패로 끝나면 다른 과학자들의 앞길을 막는 셈인데 그 책임을 누가 질 수 있겠습니까." 격려와 협박이 오묘한 비율로 섞인 오명의 말에 최순달과 경상현은 잘 알겠다는 대답 외에는 다른 말을 떠올릴 수 없었다.

240억 원 프로젝트를 진행하면서 최순달이 오명에게 특별히 요청한 기술 인력이 삼성그룹 산하 한국전자통신에서 상무이사로 일하던 양승택이다(이 사람도 주요 등장인물이다). 한국전자통신 사장 이춘화는 오명의 요청에 난색을 표했다. 자기네도 상당한 비용을 들여 데려온, 회사에 꼭 필요한 사람인데 그걸 빼 가면 어떡하라는 얘기냐 항의를 했지만 오명은 설득에는 도가 튼 인물이었다. "어차피 삼성에서도 전자교환기 개발을 할 거 아닙니까? 연구소에서 미리 개발을 하면 그만큼 짐을 덜어주는 거니까 공동으로 개발한다고 생각하시죠." 사실 이춘화의 말은 엄살이었다. 양승택은 삼성이 데려온 사람이 아니라 처음부터 한국전자통신에서 교환기의 조립 생산을 책임지던 사람이었고 그 회사가 삼성그룹으로 넘어갔을 뿐이니 그저 인재를 넘겨주기 싫었던 핑계였다. 최순달이 양승택을 콕 찍어 요청을 한 것은 예전에 그가 했던 말이 기억에 남았기 때문이다. 정부의 각종 연구소 통합 계획에 따라 1981년 통신기술연구소와 전기기기시험 연구소가 전기통신연구소로 통합

된 것은 앞서 말씀드린 바 있다. 원래는 구미에 있는 전자기술연구소까지가 통합 대상이었다. 그러나 이 연구소의 차관선인 세계은행(IBRD)이 계약 위반이라는 이유로 반대하는 바람에 바로 통합은 되지 못했고 대신 최순달이 전자기술연구소 소장까지 겸임하고 있었다. 덕분에 최순달은 자주 구미를 오가는 처지였고 어느 날 상경하는 기차 안에서 우연히 양승택을 만난다. 연구소에서 한 번 일해보고 싶다는 양승택의 말에 최순달은 삼성 상무이사면 대우가 좋을 텐데 왜 연구소냐고 물었고 양승택은 "젊은 사람이 돈 보고 일합니까. 일이 좋아서 하는 거죠"라고 대답했다. 최순달에게는 실력도 실력이지만 그런 자신감과 열정이 있는 사람이 필요했던 것이다.

1970년 4월 포항제철 착공식에서 있었던 일이다. 박태준은 참석자들에게 우향우를 시켰다. 시퍼런 영일만 바다가 눈에 들어왔다. "실패하면 전원이 저 영일만에 빠져죽는다." 통상적인 축사를 예상했던 참석자들의 표정이 굳어졌다. 박태준의 눈을 보니 능히 그러고도 남을 사람 같았다. 개발 전성시대 한국인 특유의 이 무지막지한 에피소드는 통신 역사에서도 재현된다. 한국통신 출범 후 한시름 놓은 최광수는 금성 반도체 통신, 삼성 한국전자통신, 동양정밀, 대한통신 등 교환기 생산업체를 둘러본 후 인근 식당으로 전자교환기 개발 책임자들을 집합시킨다. 최광수는 사뭇 비장한 표정으로 정말로 전자교환기를 개발할 자신이 있는지를 참석자들에게 물었고 그런 분위기에서 어렵다고 말할 용감한 사람은 많지 않았다. 대부분 긍정적인 대답을 했고 그 자리에서 최광수는 전자교환기 개발 계획을 확정한다고 선언한다. 여기서 끝? 아니다. 최광수는 전기통신연구소 간부들에게 서약서를 작성해 체신부에 제출하라고 명령했다. 전자교환기 개발을 위해 최선을 다할 것이며 개발에 실패할 경우 어떤 처벌이라도 달게 받겠다는 내용이었다. 이 처절한 서약서는 훗날 개발되는 전자교환기의 이름을 따 'TDX 혈서'라고 불리게 된다. 연구소의 개발 의지를 북돋으려는 최광수의 엄포성 이벤트였다.

연구소를 닦달하는 것은 그러나 최광수의 몫이 아니었다. 1982년 5월 최광수가 장관에서 물러나고 최순달이 그 자리를 이어받는다. 무명의 연구소장이 일약 장관으로 발탁된 것을 두고 대통령인 전두환과의 인연(대구 공고 동문) 때문이라는 소문이 돌기도 했다. 오명과의 처지도 역전된다(오명은 내내 차관으로 있다가 1987년 체신부 장관이 된다). 장관 자리를 차지한 게 문제가 아니었다. 코미디언 이주일의 유행어처럼 정말 뭔가를 보여줘야 했다. 그게 당장은 전자교환기였다. 1981년 제작된 500회선 용량의 시험기에 소프트웨어를 추가해 완성품을 만든 게 1982년이다. 연구소는 이를 용인의 송전 우체국에 설치하여 시험 운용에 들어간다. 고장이 날 경우를 대비해 기존의 자석식 전화기는 그대로 두고 가입자들에게 새로운 전화기를 달아주고 실시한 실험에 대한 평가는 엇갈렸다. 프로젝트에 소극적이었던 한국통신은 장난감에 불과한 실패작이라고 깎아내렸고 연구소는 고장은 있었지만 어쨌거나 통화에는 성공이었다는 점을 들어 성공했다고 자평했다. 이 제품에 붙은 명칭이 TDX였다. Time Division Exchange의 약자로 시간분할 교환기라는 뜻이다. 여기에는 약간의 기술적인 설명이 필요하다(기술적인 문제이니 완벽히 이해할 필요는 없다). 이전에도 간단히 설명했지만 전자교환기는 그 기술의 발달 과정에서 아날로그와 디지털 교환기로 나뉜다. 둘 다 제어 부분은 전자화되어 있지만 통화로 부분은 다르다. 아날로그 교환기의 경우 통화로 부분이 기계적인 접점으로 되어 있어 음성이 아날로그 방식으로 교환된다. 디지털 교환기는 통화로 부분이 전자식으로 되어 있어 음성이 디지털 방식으로 교환된다. 한편 아날로그 교환기는 절반만 전자식이라 하여 반(半)전자식이라고 부른다. 같은 이유로 디지털 교환기는 전(全)전자식이라 부른다. 그런데 시분할 교환기라고 부르자니 발음이 쌍소리 같다는 지적이 많았다. 해서 공식적인 명칭은 전전자교환기가 된다.

11

TDX-10으로 통신 강국의 문을 열다

전전자교환기 TDX의 개발에는 세 개의 주체가 있다. 먼저 연구개발을 맡은 전기통신연구소다. 다음은 한국통신으로 재원을 대는 발주자의 입장인 동시에 실수요자다. 마지막이 교환기를 생산하는 업체다. 1983년 들어 TDX 개발 사업이 본격적으로 진행됨에 따라 체신부는 이를 통제하고 관리해야 할 필요성을 절감한다. 같은 해 6월 체신부는 전기통신연구소에는 TDX 개발단을 그리고 한국통신에는 TDX 사업단을 설치하도록 공문을 보낸다. 신설된 TDX 사업단의 책임자로 임명된 것이 서정욱이라는 인물이다 (이 이름도 자주 나온다). 1934년생인 서정욱은 교환기 전문가는 아니었다. 미국 텍사스 A&M대학에서 공학박사 학위를 취득한 그는 국방과학연구소의 창설멤버로 13년간 근무하면서 군 통신기기 근대화에 주도적인 역할을 했다. 1972년에는 한국 최초의 휴대용 무전기를 개발했는데 이 무전기로 박정희와 기념 통화를 한 것이 인연이 되어 나중에 국방과학연구소 소장에까지 오르게 된다. 사업단 책임자로 확정되기 전 그의 전문성 부족 문제가 불거진다. 서정욱은 꼭 그 분야 전문가가 아니더라도 기술이라는 건 어느 정도 수준의 연구개발 경력이 있으면 다 보인다는 대답으로 우려를 일축했다. 정상에 올라본 사람은 다른 것 역시 이해가 빠르다는 얘기였다. 적극적이고 직설적인 성격의 그에게 1차로 타깃이 된 것은 전기통신연구소의 연구원들이었다. 서정욱의 눈에 연구소와 연구원들은 아마추어 기술 애호인 동호회처럼 보였다. 조직적이지도 않고 전문성은 있지만 체계적이지 않은 연구원들을 서정욱은 달달 볶기 시작했다. 시험 운용을 했을 때는 현장에서 날밤을 세웠고 문제가 생기면 한밤중에도 연구원들을 불러내 해결책을 찾도록 했다. TDX 개발단장이기도 한 연구소 소장은 가만히 있는데 제3자가 직원들을 부려 먹는 꼴이었다. 연구원들은 서정욱이 하자는 대로 따라갈 수밖에 없었다. 무엇보다 그는 일을 시켜놓고 자기는 뒤에서 노는 스타일이 아니었다. 같이 밤새고 같이 연구하는 서정욱을 연구원들은 자연스럽게 상사이자 동료로 여기기 시작했다. 대외적으로는 항상 연구원들을 칭찬하는 버릇도 연구원들의 호감을 사기 충분했다. 사실 연구원들도 잘 알고 있었다. 매 단계마다 성과를 체크하고 독려하는 관리자가 없으면 프로젝트가 예정된 기한 내에 이루어지기 어렵다는 사실을. 연구원들의 불만은 오히려 다른 쪽에 있었다. 서정욱이 모든 업무를 문서화할 것을 강요했기 때문이다. 연구원들은 태생적으로 문서작업에 익숙하지 않다. 그저 개발만 끝내면 다인 줄 알았다가 매 업무마다 문서작업을 통해 기록을 남기자니 죽을 맛이었다. 그러나 습관이란 게 무섭다. 하다 보니 익숙해졌고 문서작업을 통해 매뉴얼을 작성한 덕분에 작업 능률은 향상되었다.

서정욱의 다음 타깃은 교환기 생산업체였다. 어쩌면 이들이 사업에 가장 비협조적인 파트였다. 1982년 3월 연구소는 금성반도체 통신, 동양정밀 그리고 삼성 한국전자통신과 실무교육 협정을 맺고 각 업체에서 10여 명씩의 연구원을 차출해 TDX의 공동개발에 참여하도록 한다. 어차피 개발한 교환기를 만들려면 제품에 대한 이해가 있어야 했기 때문이다. 금성에서는 10명, 동양정밀에서는 11명, 삼성에서는 7명이 파견되었다. 그러나 실속 있는 인재들은 아니었다. 면피용으로 대학을 갓 졸업한 인력을 파견했고 연구개발에는 별다른 도움이 되지 않았다. 그도 그럴 것이 금성은 이제 막 생산을 시작한 NO.1A에서 이익을 뽑는 게 더 급했고 아날로그 교환기인 M10CN을 생산하던 삼성 역시 한국전자통신을 인수할 때 들어간 비용의 회수와 M10CN 교환기로는 라이벌인 금성의 NO.1A와 승부를 내기 어렵다는 생각에 대용량 디지털 교환기인 S1240 도입에 마음이 가 있었다. 동양정밀은 농어촌용 교환기로 AXE-10이 선정되자 기술도입선인 스웨덴의 에릭슨과 합작투자로 동양전자통신(OTELCO)를 설립하고 AXE-10 생산에 막 돌입한 시기였다. 서정욱은 이들 업체를 견인하기 위해 평가 제도를 도입해 경쟁시스템을 만들었다. 공동개발 과정에 얼마나 적극적으로 참여하는지, 얼마나 협조적인지 그리고 맡은 업무를 얼마나 성공적으로 수행하는지를 계량화하여 이를 교환기의 구매 물량과 연계시켰다. 개발단 업무야 사업단 업무와 뗄 수 없는 관계인만큼 연구소는 강제로 장악하다시피 했지만 자신의 직접적인 업무 영역과는 분명 거리가 있는 업체들을 휘어잡기 위해 금전적으로 압박을 가한 것이다. 교환기 생산업체를 다루는 또 하나의 아이디어를 낸 사람은 체신부 통신정책국장이었던 윤동윤이다(이 이름은 앞으로 자주 나온다). 그는 대한민국이 가진 모든 능력을 총동원한다는 명분으로 교환기라는 이름이 붙은 장비를 생산하는 모든 업체를 TDX 개발에 참여시키겠다고 선언했다. 교환기 생산 3사가 반발하고 나온 것은 당연한 일이다. 윤동윤은 3개 회사 대표를 체신부로 불러 설득을 했지만 3사 대표는 귀를 기울일 생각이 없었다. 윤동윤은 마지막 카드로 금성과 삼성이 도입하려고 준비 중인 디지털 대용량 교환기의 실용시험을 허용하지 않겠다고 압박했다. 실용시험을 거치지 않으면 한국통신은 그 교환기들을 구입할 수 없다는 법조항을 이용한 것이다. 3사는 결국 손을 들고 만다. 공동개발에 참여하겠다고 나선 업체는 대우였다. 1983년 대한통신을 인수하여 대우통신을 발족시킨 대우는 전자교환기 생산 참여를 간절히 원하던 처지였다. 전자통신연구소(1985년 전기통신연구소와 전자기술연구소가 통합되면서 바뀐 이름)는 후발 주자인 대우에 그들이 개발한 기술을 몽땅 전수해 준다. 대우의 경쟁력이 나머지 3사를 긴장하게 만들 것이라는 판단이었고 이 예상은 적중한다. 이와 함께 전자통신연구소는 시험용 교환기(STP)를 만들어 온 업체부터 순서대로 인증시험을 해주겠다고 또 한 번의 유인책을 던진다. 제일 먼저 시험용 교환기를 만들어 제출한 업체는 대우였다(사실상 연구소에서 거의 다 만들어주었다). 연구소는 대우통신이 만들어 온 이 제품을 연구소와 대우통신이 공동 개발한 TDX라고 신문에 발표해 버리는 것으로 압박 작전의 대미를 장식한다. 보도가 나가자 3사는 초긴장 상태가 된다. 이런 식으로 하다 자칫 대우가 시장을 다 먹어버릴 수도 있겠다는 두려움에 3사는 너나할 것 없이 서둘러 시험용 교환기를 만들어 연구소에 제출한다. 당시 연구소의 교환기 개발사업단장을 맡고 있던 양승택은 이 압박 조치들이 최소한 2년 이상 개발 일정을 앞당겼다고 평가했다. 그냥 내버려 두었더라면 몇 년은 걸릴 사업에 경쟁이 붙으면서 속도가 빨라졌다는 얘기다.

이렇게 제작된 4개 업체의 시험용 교환기를 서대전전화국과 유성분국에 설치하고 연구소가 만든 교환기를 모국(母局)으로 삼아 4개월에 걸쳐 실험한 결과 4개 제품 모두 테스트를 통과한다. 한국통신은 이들의 제품 2만 4천 회선을 가평, 전곡, 무주, 고령 등 4개 지역에 설치한다. 이것이 우리나라에서 최초로 개발한 전화국용 디지털 교환기로 명칭은 TDX-1이 되었다. TDX-1은 농어촌용 교환기로 개발된 것이어서 가입자 회선 용량이 9,600회선이었다. 회선 용량이 1만 회선은 넘어야 한다는 서정욱의 주장으로 새로운 기능을 추가하여 만들어진 것이 TDX-1A다. 원래 기술 개발이라는 게 한번 성공하면 계속 더 높은 목표가 자연스럽게 발생하는 법이다. 1만 회선짜리 TDX-1이 개발되는 동안 2만 회선짜리 새로운 모델 개발 이야기가 나온다. 여기에는 그럴만한 이유가 있었다. TDX-1의 개발계획은 원래 예정대로 1982년에 시작해서 1986년에 끝난다. 6차 5개년 계획이 시작되는 1987년부터는 TDX-1과는 차원이 다른 새로운 교환기 개발 계획이 수립된다. 2000년대에 들어서면 우리나라 전화 시설이 2천만 회선이 넘을 것으로 예측되었는데 그 방대한 시장을 국산교환기로 채우려면 10만 회선

규모의 대용량 교환기 개발이 시급했던 것이다. 이를 위해 체신부는 1987년부터 5년 동안 총 560억 원을 투입하는 새로운 교환기 개발 사업을 확정지었고 그 최종 모델명이 TDX-10이었다. 문제는 1991년까지 개발하기로 한 TDX-10을 기다리기에 국내의 전화 증설 속도가 너무 가팔랐다는 것이다. 대안은 그 기간 동안 아날로그 교환기를 공급하거나 외제 수입 교환기를 설치하는 방법밖에 없는데 일단 어느 지역에 외제 교환기가 설치되고 나면 TDX-10이 개발된다고 해도 나머지 지역에는 딴 게 들어갈 수 없어 다른 것이 비집고 들어갈 틈이 없어진다는 것이 문제의 핵심이었다. 결국 그 기간 동안을 감당하기 위해 도시 지역에 알맞은 2만 회선짜리 중용량 교환기를 개발해야 한다는 대책이 나왔고 이렇게 개발된 것이 TDX-1B다. 1986년 개발계획이 확정된 TDX-1B는 최대 용량을 2만 2,528회선으로 하는 교환기였고 개발 기간은 1986년 7월부터 1988년 12월까지로 잡혔다. 4개 교환기 생산업체마다 개발해야 할 품목이 배당되었고 이렇게 개발된 TDX-1B는 1989년 4월 주문진, 경산, 안중, 칠곡 등 4개 지역에서 동시에 개통된다.

TDX-10의 개발은 쉽지 않았다. 단순히 TDX-1의 업그레이드가 아니었다. TDX-1은 개발자체가 농어촌용이 목적이었고 TDX-10은 도시용 그리고 정보화 사회를 대비한 교환기였기 때문이다.

그러니까 이름만 같지 아예 다른 기종이다. 소프트웨어가 워낙 방대한 탓에 한 번에 완성할 수 없었고 해서 단계별로 쪼개서 마무리를 해야 했다. 개발-시험-개발-시험이라는 과정을 밟았다. 1990년 실용시험이 마무리되고 1991년에 상용실험을 거친 TDX-10은 그해 11월 개통식을 갖게 된다. 대한민국이 세계에서 열 번째 디지털 교환기술 보유국이 되는 역사적인 사건이자 정보통신 강국으로 들어서는 문을 열어젖힌 전자교환기 개발은 우리나라 정보통신 역사상 두 번째 '별의 순간'이었다.

TDX-10에 대한 해외의 평가는 상당히 높다. 이유는 간단하다. 세계적으로 유명한 교환기들의 장점만 흡수해서 만들었기 때문이다. 시행착오를 피해갈 수 있는 후발 주자의 이점이다. TDX-1의 개발이 끝날 무렵 AXE-10, 5ESS, S1240 등 유수한 교환기가 한꺼번에 쏟아져 나온다. 덕분에 외국 기종을 꼼꼼히 분석할 수 있는 여유가 생겼고 이 분석이 TDX-10의 개발에 반영된 것으로(다른 기종들은 1985년 개발 완료, TDX-10의 개발 완료는 1991년) 잘한 것, 좋은 것만 모아 놓았으니 TDX-10의 성능이 나쁠 수가 없었다. 같은 이유로 가격 경쟁력은 자연스럽게 따라왔다. TDX-10 성공에 대해서는 여러 가지 설명이 가능하다. 무엇보다 개발자와 수요자가 같다는 장점이 있었다. 전자제품이라는 게 처음 개발되면 고장

나기 십상이다. 그러면 사용자는 그 제품을 버리고 다른 제품을 찾는다. 그러나 사용하는 사람이 한국통신이었기 때문에 사소한 고장은 양해가 되었고(어차피 우리가 써야 하는데) 문제 해결을 할 수 있는 여유를 가질 수 있었다. 정부의 강력한 의지도 한몫했다. 통신기기의 핵심이자 첨단기술의 선봉인 전자교환기를 반드시 우리 손으로 개발하겠다는 의지가 없었더라면 무지막지한 개발 드라이브는 불가능했을 것이다. 일이란 사람이 하는 것이다. 김재익, 오명, 권순달, 양승택, 서정욱 같은 사람들이 때마다 등장해 제 역할을 하지 못했다면 일정에는 분명 문제가 있었을 것이다. 오명은 모든 공을 최광수 장관에게 돌렸다. 최종적으로 결심을 하고 대통령을 설득하는 것은 결국 장관의 몫이기 때문이다. 개인적으로 꼽는 가장 중요한 성공 요인은 연구자들의 신념이다. 아무리 이벤트라지만 혈서를 썼으니 책임감이 막중했을 것이고 그 책임감은 신념으로 변하면서 역사를 만들었다. 프로젝트가 성공하면서 이 신념은 자신감으로 바뀐다. 돈으로는 결코 환산할 수 없는 이 자신감이 오늘의 대한민국 전자통신을 있게 했다는 것에 이의를 제기하는 사람은 없을 것이다.

12

시작은 대만 먼저 서비스는 우리가 먼저, 데이터통신

김재익에게 데이터통신의 개념을 처음 심어준 사람은 경상현이었다. "통신이라고 하면 음성통신만 생각하기 쉬운데 그게 다가 아닙니다. 지금 새롭게 부상하고 있는 건 데이터통신이지요." 음성이 아니라 데이터를 주고받는다? 그날부터 김재익은 데이터통신 관련 책들을 쌓아놓고 읽기 시작한다. 과학기술에 대한 상식이 풍부했던 김재익이라 개념을 이해하는 데는 오래 걸리지 않았다. 청와대 경제비서실 연구관 홍성원은 데이터통신을 전담하는 회사를 설립하자는 의견으로 김재익을 자극한다. 홍성원은 당시 국내에서는 몇 안 되는 컴퓨터 전문가로 미국의 유타 대학과 콜로라도 대학에서 자동제어와 기계설계로 석, 박사학위를 받고 KAIST와 서울대에서 처음으로 컴퓨터설계와 컴퓨터그래픽 과목을 강의한 인물이다. 김재익은 일을 되게 하는 법을 아는 사람이다. 자신이 직접 나서는 대신 김재익은 오명을 김기철에게 보낸다. 김기철은 눈치가 빠른 사람이다, 그는 오명의 데이터통신 전담 회사 설립이 청와대의 의중이라는 사실을 간파했고 긍정적인 검토를 약속했다. 체신부 간부들을 모아 놓고 데이터통신 관련 문제를 꺼냈지만 다들 먼 산만 바라보고 있었다. 데이터통신이라는 말 자체가 생소했고 체신부 안에서도 데이터통신에 대한 이해가 있는 사람은 한두 사람 정도가 전부였다. 실무를 맡은 전무국장 김정렬은 책을 펼쳐 놓고 공부해가며 '데이터통신사업 육성계획'이라는 정책안을 만들었고 데이터통신 전담 회사 설립이 확정된다. 체신부 차관으로 발령이 난 오명은 회사 설립을 강하게 밀어붙였고 1982년 3월 한국데이터통신주식회사(데이콤)가 출범한다. 사장은 이용태로 결정된다. 당시 이용태는 전자기술연구소 부소장 자리를 털고 나와 컴퓨터 관련 회사를 연달아 차리는가 하면 벤처 캐피털 회사의 설립을 추진 중이었다. 우리나라에 필요한 게 기술인데 선진국에게 얻어오자니 철지난 기술만 줄 것이 뻔하고 자체 개발을 하자니 시간이 너무 걸리는 까닭에 아예 미국에서 회사를 차려 그 바닥 수재들을 끌고 들어온다는 전략이었다. 이용태가 생각한 목표액은 1,000만 달러였고 이미 800만 달러를 모금해 놓고 있었다. 오명의 사장 자리 제안에 이용태는 우리나라 정보산업의 발전에 어느 쪽이 더 자신을 필요로 하는지 고민한 끝에 데이콤 행을 택한다. 오명은 이용태에게 좋은 인상을 가지고 있지 않았다. 연구소 통합 바람이 불던 1980년대 초반 통신기술연구소와 전자기술연구소 통합 문제가 논의되었을 때 이용태가 전자기술연구소에 차관을 제공한 세계은행을 사주해서 방해공작을 펴고 있다는 소문이 돌았기 때문이다. 근거 없는 이야기로 밝혀지긴 했지만 그런 찜찜한 기억은 인사에서 걸림돌이 된다. 그러나 공사 구분이 명확하고 능력과 비전으로만 사람을 써야 한다고 믿었던 오명은 이용태를 사장으로 지목했고 이후에도 거의 간섭을 하지 않았다.

당시 데이터통신 사업은 돈을 만들어낼 수 없는 환경이었다. 향후 꼭 필요한 사업이기는 하지만 수요는 턱없이 부족했고 개선되리라는 희망을 가지기에는 미래가 너무나 불투명했다. 실제로 계획안에도 회사의 경영은 6년 간 적자를 보는 것으로 아예 작정을 하고 있었다. 새로 출범한 회사의 경영진은 이런 조건으로 회사를 맡는 것이 탐탁지 않았고 이는 체신부도 같은 입장이었다. 데이콤은 한국통신의 기존 사업 중 하나를 빼오기로 한다. 바로 특정통신회선사업이었다. 특정통신회선은 컴퓨터와 컴퓨터 사이를 교환기를 거치지 않고 직접 연결하여 정보를 전달하는 것인데 은행의 본점과 지점, 기업의 본사와 공장 등을 연결하고 있었다. 여러 사람이 동시에 사용하는 것이 아닌 가입자가 단독으로 사용하는 것이기에 사용료가 비쌀 수밖에 없었고 여기에서 나오는 이익은 짭짤했다. 당연히 한국통신에서는 강하게 반발한다. 공중전기통신사업은 한국통신만이 경영할 수 있다는 전기통신법의 규정이 반대의 근거였다. 데이콤과 체신부가 차선으로 요구한 것은 텔렉스사업이었다. 한국통신은 여기에도 난색을 표했다. 오명은 체신부가 데이콤의 운영 예산을 대는 안도 제시해 봤지만 이번에는 영속적이고 지속적인 수익을 내는 사업을 확보하고 싶었던 데이콤이 고개를 저었다. 결국 전기통신법을 일부 개정하여 취급 지역을 서울로 한정해서 특정통신회선사업을 데이콤에 넘겨주는 것으로 조율이 된다. 1982년 9월 데이콤은 서울지역을 대상으로 한국통신의 특정통신회선사업을 위탁받아 운영하기 시작한다. 성과는 나쁘지 않았다. 출발 첫해 데이콤은 3억 7천여 만원의 매출을 올려 흑자를 기록했는데 여기서 특정통신회선사업 수입이 3억 4천여 만원으로 90%를 차지했다. 흑자라고는 하지만 결국 대리점 역할이었고 데이콤 경영진의 입장에서는 나쁘지는 않지만 그렇다고 성에 차는 일이 아니었다. 1983년 전기통신법이 전기통신기본법과 공중전기통신사업법으로 분리된다. 한국통신이 아닌 다른 사업자도 공중통신사업자의 자격을 취득할 수 있게 되었고 데이콤은 특정통신회선사업 인수를 추진한다. 진통 끝에 한국통신은 결국 특정통신회선사업을 내주게 되고 1985년 회선의 임차료로 시내회선은 사용료 수입의 100%, 시외 및 국제회선은 50%를 지급하는 조건으로 정리가 된다. 매출은 700% 증가했다.

공중정보통신망 건설은 설립 당시 데이콤에게 맡겨진 두 가지 임무 중 하나였다. 다른 하나는 정부 행정업무의 전산화. 출범 당시 통신망도 없고 그걸 구축할 재원도 없었던 데이콤은 일단 수요가 많은 해외정보통신사업부터 착수한다. 해외 데이터베이스에 접속할 수 있도록 외국의 데이터통신망과 연결하는 사업이다. 데이콤이 고른 데이터통신사업자는 전 세계적으로 가장 넓은 통신망을 보유하고 있던 미국의 ITT였다. 1982년 11월 ITT와의 주요 계약 내용은 두 회사 간에 데이터통신용 국제회선을 설치하여 패킷교환서비스를 제공하고 세계 33개국에 대해 중계서비스를 제공하는 것이었다. 비용이 많이 들어가고 기종 선정 절차가 복잡한 교환기 대신에 임시방편으로 다중화 장치(MUX)를 사용하기로 했는데 쉽게 말해 미국의 ITT교환기가 우리의 교환기 역할을 대신하는 것이었다. 문제는 보안인데 데이콤은 이 사실을 정부에 알리지 않았다. 그래도 되나 싶은 얘기지만 대한민국은 그런 식으로 성장했다. 계획 세워 차근차근 사업을 추진하는 대신 일단 시작하고 거기 맞춰 계획을 세웠다. 후발 주자 입장에서는 어쩔 수 없는 선택이었고 그나마 순발력과 응용력이 뛰어난 민족이라는 게 다행이었다. 이와 함께 데이콤은 해외 유명 데이터베이스 중 가장 내용이 풍부한 DIALOG와 계약을 맺었고 1983년 2월 해외정보통신 서비스 개통식을 가질 수 있었다. 해외정보통신망이 구축된 뒤 데이콤의 목표는 당연히 국내 정보통신망의 구축이었다. 데이터 전송 방식은 그때까지 주로 사용되던 서킷 교환(회선교환) 대신 패킷 교환으로 결정된다. 기술적인 이야기라 좀 까다로울 수 있는데 비유하자면 서킷방식은 옛날 전화에서 사용되던 방식이라고 생각하면 된다. 전화를 건 사람과 받는 사람으로 하나의 커넥션이 생성될 때 이것을 서킷이라고 부른다. 하나의 커넥션이 생성되면 다른 사람들은 이 서킷에 끼어들지 못하게 된다. 패킷 교환은 인터넷에서 사용하는 방식이라고 생각하면 된다. 모든 데이터를 패킷이란 단위로 잘라서 보내는 것으로 서킷 교환 방식과 다르게 독점적으로 사용되지 않는다. 메일을 보내면서 동시에 동영상을 볼 수 있는 것을 떠올리시면 되겠다. 한팀이 이동을 할 때 같은 차를 타고 목적지로 이동하는 것이 서킷이고 패킷 방식은 한 팀이 이동할 때 각각 따로 따로 이동해 목적지에서 만나는 것이라는 설명도 있는데 역시 같은 맥락이다. 이 책이 기술적인 문제의 이해를 설명하는 것이 목적이 아닌 까닭에 이 정도로 줄인다. 1984년 데이콤은 국내 공중정보통신망인 DACOM-NET를 구축하고 개통식을 가졌다. 세계에서 열여덟 번째, 아시아에서는 두 번째였다.

데이콤이 이토록 빠르게 공중정보통신망을 구축하고 데이터통신 서비스를 제공할 수 있었던 이유는 몇 가지로 요약된다. 일단 온실 속에서 성장했고(특정통신회선사업 확보) 체신부가 상당한 자율권을 보장했으며(잘 몰라서 감독권을 행사하지 못했다는 말이기도 하다) 사장인 이용태가 실무에 일일이 관여하는 타입이 아니라서 실무자들이 소신껏 업무를 추진할 수 있었기 때문이다. 대만의 데이터통신회사 DCI는 5년간의 준비기간을 거쳐 데이콤보다 1년 먼저 설립했지만 서비스는 오히려 우리보다 1년이 늦었다. 관료들의 간섭 때문이었고 그런 측면에서 데이콤 설립의 주역이면서도 일체 간섭을 하지 않았던 오명의 존재가 어쩌면 데이콤 성공의 가장 큰 이유였을지도 모르겠다.

13

삼성, 반도체 신화를 쓰다

통신은 컴퓨터, 반도체와 한 몸으로 발전한다. 컴퓨터는 계산하다라는 뜻의 라틴어 콤퓨타르(computare)가 어원이다. 최초의 기계식 계산기는 1642년 철학자이자 수학자였던 블레즈 파스칼이 발명했다. 톱니바퀴 모양으로 여섯 자리까지의 덧셈과 뺄셈이 가능했던 '파스칼린'은 인류의 평균적인 문명 발전 속도를 두 세기 이상 앞선 것으로 20세기 들어 전자식 컴퓨터가 개발되기 전까지 쓰인 모든 기계식 계산기의 시초가 된다. 최초의 전자식 계산기는 1946년 개발된 애니악(ENIAC)이다. 제2차 세계대전 중 미군이 탄도 계산을 빨리하기 위해 주문한 것으로 전쟁이 끝나고서야 개발이 완성됐지만 사람이 7시간이나 걸린 포탄의 궤도를 3초 만에 계산해 세상을 놀라게 했다. 문제는 사이즈. 길이 30m, 폭 0.9m, 높이 2.4m, 무게 30t에다 진공관이 무려 1만 7,468개나 들어갔으니 기계라기보다는 공장에 가까웠다. 소비전력도 엄청났는데 한 번 가동하면 필라델피아 시내의 전등이 모두 깜빡거릴 정도였으니 겨우 그 계산 하나 하자고 전원 스위치를 넣기에는 너무나 출혈이 컸다. 1951년에 개발된 유니박(UNIVAC)은 상업용으로 개발된 최초의 컴퓨터다. 사이즈가 대폭 줄었고(라고 해봐야 길이 4.3m, 폭 2.4m, 높이 2.6m에 무게는 13t) 1958년까지 46대가 팔렸다. 가격은 125만 달러. 진공관은 5,200개로 줄었지만 역시 만만찮은 부피였다. 진공관 문제를 해결하며 컴퓨터가 계속 발전할 수 있었던 것은 트랜지스터의 발명 덕분이다. 트랜지스터는 반도체를 이용해 전기 스위치 역할을 하는 장치를 말한다. 진공관은 부피가 크고 제조에 많은 자원과 에너지가 소모되었지만 실리콘 트랜지스터는 저렴한 가격에 대량생산이 가능했다. 트랜지스터의 발명은 이후 집적회로로 이어졌고 마이크로프로세서 단계를 거치면서 컴퓨터의 소형화가 급속하게 진행된다. 1949년 파퓰러 메카닉스라는 잡지의 편집자는 "미래의 컴퓨터는 1.5t을 넘지 않을 것"이라는 매우 낙관적인 예언을 남겼다. 1995년 필라델피아시는 애니악 탄생 50주년을 맞아 30t의 애니악을 단 하나의 실리콘칩으로 복원한 이벤트를 선보였다. 손가락 끝에 올릴 수 있는, 우표보다 작은 크기였다. 오늘날 사람들이 사용하는 개인용 컴퓨터(이하 PC) 안에는 애니악 수만 대에 해당하는 정보가 담겨있다. 1985년 통신회사 GTE는 PC와 전화 기술을 결합했다. 통신망을 이용해 PC로 목소리와 데이터를 전달하고 전자 사서함 서비스를 제공하기 시작한 것이다. 여행사, 항공사, 은행과 상점들이 주요 고객들이었다. 통신망을 통한 컴퓨터 단말기 간의 연결은 무선통신과 컴퓨터의 상호발달을 견인했고 1989년 팀 버너스 리가 월드 와이드 웹을 주창하면서 세상을 하나로 연결했다. 반도체가 함께 발달한 것은 당연한 일이다.

우리나라 컴퓨터의 역사는 청계천에 있던 군소업체들이 애플 컴퓨터를 복제하면서 시작된다. 1981년 삼보컴퓨터가 8비트짜리 PC를 조리해서 한국전자박람회에 출품했고 이듬해에 상용제품을 내놓았다. 1983년 전자기술연구소는 교육용 컴퓨터를 개발, 보급한다는 정부의 방침에 따라 실업계 고등학교를 중심으로 수천 대를 보급했다. 1984년 삼성전자가 전자기술연구소와 공동으로 16비트 마이크로컴퓨터를 생산했고 1985년부터는 32비트 컴퓨터를 개발하기 시작한다. 데이콤의 설립 목적이었던 정부 행정업무의 전산화를 놓고 문제가 된 것은 그 사업에 투입할 컴퓨터를 어떻게 확보하느냐 하는 것이었다. 데이콤은 언제 개발할지도 모르고 성능을 장담할 수도 없는 국산을 막중한 국가적 사업에 투입하기는 곤란하다는 입장이었다. 전자통신연구소의 입장은 반대였다. 중대형 컴퓨터는 이제껏 만들 실력도, 적당한 수요도 없었지만 이번 기회에 국산을 개발하면 행정전산망에 수백 세트가 투입되면서 수요는 저절로 생길 것이며 나중에는 후진국에 이를 판매할 수도 있다는 논리였다. 데이콤은 행정전산망사업이 먼저였고 전자통신연구소에서는 정보산업 육성이 먼저였다. 결국 1단계로 외국에서 원천기술을 도입하여 국내 기술을 개발하고 2단계에서는 1단계의 경험을 바탕으로 독자적인 컴퓨터를 개발하기로 한다는 쪽으로 방향이 잡힌다. 기종을 놓고 데이콤과 전자통신연구소는 또 충돌한다. 각기 주장하는 기종에 대한 양보가 없었고 결국 두 쪽에서 차선으로 인정하는 톨러런트라는 벤처기업의 기종이 선정된다. 무명의 회사인데다 언제 망할지 모른다는 우려가 나왔지만 데이콤은 나름 계산이 있었다. 무명이다보니 기술 이전에 거리낌이 없고 기술을 최대한 빨리 전수받은 후 그 회사가 망하면 송두리째 우리 기술이 된다는 다소 얄팍한 발상을 하고 있었던 것이다. 실제로 톨러런트는 컴퓨터를 수출한지 얼마 되지 않아 회사 이름까지 바꾸며 소프트웨어사업으로 돌아선다.

1987년 6월 데이콤은 톨러런트와 기술 이전에 관한 계약을 체결한다. 데이콤은 기술료 200만 달러의 지급과 900만 달러 상당의 완제품이나 부분품을 구입하고 톨러런트는 우리 측 기술요원을 훈련시키고 관련된 기술 자료를 제공하는 것이 주요 내용이었다. 톨러런트 제품을 기반으로 한 주전산기 컴퓨터의 개발은 1988년 10월에 완료된다. 이름은 타이컴(TICOM)이었다. 주전산기는 Host Computer를 우리말로 옮긴 것이고 타이컴은 Tightly Coupled Multiprocessor의 머리글자를 딴 이름이다.

1983년 12월 삼성전자는 삼성반도체 통신이 64KD램의 자체 개발에 성공했다는 낭보를 전한다. 이 이야기는 반도체기술에서 미, 일에 10년 이상 뒤처졌던 한국이 그 격차를 3년 수준으로 줄였다는 것을 의미한다. 성공 시점을 86년 정도로 예상했던 일본은 충격에 빠진다(일본이 개발에 들인 시간은 6년). 게다가 미국과 일본이 밟아온 개발과정(4K, 16K, 32K)을 3단계나 뛰어넘는 비약적인 성과였다. 64KD램은 대체 어떤 수준의 칩일까. 손톱 크기의 사이즈에 8,000자의 글자를 기억할 수 있었으니 일간지 50년분의 데이터를 저장할 수 있는 지금의 칩을 생각하면 웃음도 안 나온다. 그러나 8,000자의 글자라는 표현으로는 이 제품의 본질을 설명하지 못한다. 기술적으로 말하면 2.5×5.7㎜ 크기의 칩 속에 6만 4000여 개의 트랜지스터 등 15만 개의 소자를 800만 개의 선으로 연결해야 완성된다. 당시로선 VLSI(초고밀도 집적회로)급 첨단 반도체로 시계나 TV에 들어가는 단순기능 칩들을 생산하던 삼성의 개발능력으로 봤을 때 자전거를 만드는 철공소에서 비행기를 만들어 낸 것이나 다름없었다. 삼성이 단기간에 첨단기술 개발에 성공한 것은 기술도입과 기술자 도입을 동시에 진행했기 때문이다. 기술도입 상대로는 미국 벤처기업인 마이크론 테크놀로지를 선택했다. 기술자 도입을 위해서는 미국 실리콘 밸리에 트라이스타 세미컨덕터라는 현지 법인을 세웠다. 재미 한국인 과학자를 포함하여 미국, 일본, 중국 기술자들 32명을 채용했고 실제로 반도체를 만들 수 있는 기능공 70명도 모집했다. 마이크론 테크놀로지는 비협조적이었다. 기술 연수차 십수 명을 파견하였으나 뼈다귀 기술이라고 불리는 대략적인 기술 이외에는 입을 열지 않았다. 1983년 6월 삼성은 트라이스타 세미컨덕터에 모인 기술자 중 핵심 인력을 부천의 기존 반도체 공장에 투입했다. 그리고 딱 반년 만에 64KD램이라는 놀라운 성과를 거둔 것이다.

그렇게 해서 삼성은 바로 전 세계 반도체 시장(정확히는 메모리 반도체. 반도체는 보통 정보 저장 기능의 메모리 반도체와 연산 수행 기능의 시스템 반도체로 나눈다)에서 바로 재미를 봤을까. 불행히도 아니다. 64KD램이 양산체제에 접어들어 수출을 시작할 무렵 반도체값이 급격히 떨어지기 시작했다. 제품을 내놓을 당시만 해도 1

매당 3.5달러였던 것이 수출과 동시에 30센트까지 내려간 것이다. 미국과 일본의 악의적인 덤핑이라는 설도 있지만 그 보다는 공급 과잉이었다. 메모리 반도체가 앞으로 유망사업이라는 소문에 세계 각국에서 다투어 개발한 끝에 제품이 시장에 넘쳐흐르도록 쏟아져 나온 것이다. 포기하고 주저앉을 이유는 충분했지만 삼성이 선택한 것은 계속 직진이었다. 64KD램을 개발한지 1년도 채 안 되어 삼성은 256KD램의 개발에 성공한다. 1984년 10월의 일이다. 256KD램은 4.04mm×12.98mm의 칩 위에 폭 2μ으로 총 90만 개의 소자를 연결시켜 3만 2,000자의 문자를 기억, 판독시키는 VLSI로 단 한 개만 가지고도 퍼스널 컴퓨터를 만들 수 있다. 이 속도와 일정이 어떻게 가능? 이유는 삼성이 64KD램과 함께 256KD램의 개발을 동시에 추진하는 이른바 '병렬 개발시스템'을 구사했기 때문이다. 오늘날 삼성의 강점인 '속도전'의 시발점이다. 행운의 여신도 삼성에게 눈길을 주기 시작한다. 삼성이 256KD램 양산에 들어갈 때까지도 세계 반도체 시장은 여전히 먹구름이 낀 상태였다. 그러나 1년이 지날 무렵 반도체 가격이 서서히 올라가기 시작한다. 1984년 반도체 가격이 폭락하자 일본을 제외한 대부분의 외국 기업들은 더 이상 반도체에 투자하지 않았고 반도체 공급이 줄어든 상태에서 전 세계 경기가 회복되자 반도체 수요가 늘어나면서 가격 반등이 시작된 것이다. 30센트까지 떨어졌던 64KD램의 가격은 6달러까지 치솟았다. 256KD램은 2달러에서 8달러로 뛰어올랐다. 64KD램의 성패와 무관하게 256KD램의 개발을 밀고 나갔던 삼성의 뚝심과 의지가 보상을 받은 것이다. 256KD램은 삼성이 글로벌 반도체 기업으로 성장하는 발판이 됐다. 256KD램은 1988년 한 해에만 3,200억 원의 순익을 냈다.

삼성의 반도체 성공은 창업주 이병철을 빼고는 설명할 수 없다. 1980년 삼성물산 가스미가세키 빌딩 사무실에서 이병철은 이나바 슈조 박사를 만난다. 그는 요시다 시게루 수상과 함께 일본의 경제정책을 수립한 인물이자 후지화학 회장이다. 당시는 73년과 79년 두 차례의 오일쇼크로 세계경제는 물론 일본경제도 위기가 목까지 차오른 상태였다. 일본의 살 길은 무엇인가에 대한 이병철의 질문에 대한 이나바의 대답은 반도체, 컴퓨터, 신소재 광통신, 유전공학, 우주 해양공학 등 부가가치가 높은 첨단 기술 분야로의 전환이었다. 이른바 경박단소(輕薄短小)의 첨단기술 산업이라는 설명이다. 70세의 노기업가는 그때부터 반도체와 컴퓨터에 대한 연구에 매달린다. 관계 자료는 다 찾아 읽었고 수시로 국내 전문가들은 물론 미국과 일본의 전문가를 초빙해 묻고 또 물었다. 2년여 탐구생활 끝에 이병철이 내린 결론은 간단했다. "전혀 가능성이 없지는 않겠구나." 1982년 들어 이병철은 기존 반도체사업에 대한 전면 검토와 반도체 전체를 대상으로 한 철저한 시장 조사 및 사업성 분석 작업을 지시한다. 졸지에 삼성그룹 내에서 가장 중요하고 바쁜 부서가 된 반도체사업부의 추진 팀장은 김광호 상무였다. 1982년 10월 반도체사업추진팀은 방대한 분량의 보고서를 제출한다. 연필로 밑줄을 그어가며 보고서를 읽어나가던 이병철은 메모리란 항목에 동그라미를 쳤다. 그는 메모리를 중심으로 사업계획서를 다시 쓰도록 지시한다. 이병철은 첨단 반도체 중에서 일본이 미국보다 유일하게 앞선 분야가 메모리라는 사실에 주목했다. 당시 일본은 미국에 D램, S램 등 다양한 메모리 반도체를 수출하고 있었다. 메모리반도체의 세계 시장규모는 30억 달러로 전체 반도체 시장의 20.8%였다. 바로 여기다, 라고 이병철은 판단했다. 메모리 반도체 중 어떤 제품에 도전할지에 대한 반도체사업추진팀의 결론은 S램과 EEP롬이었다. D램은 시장규모가 가장 크지만 미국과 일본 업체들 사이의 경쟁이 어느 제품보다 치열했고 공급과잉에 따른 가격하락 위험도 높았다. 이병철의 선택은 D램이었다. 어디나 경쟁은 있다. 그렇다면 생산 효과가 뛰어나고 시장규모가 가장 큰 D램을 중심으로 생산하는 것이 어쩌면 가장 안전한 방법이라고 역으로 생각했기 때문이다. 1억 달러에 달하는 사업비용은 계속 이병철의 머리를 짓눌렀다. 정부의 한 해 예산이 22억 달러이던 시절이다. 1983년 2월 이병철은 반도체사업에 투자를 결정한다. 국내외 산업계의 반응은 회의적이었다. 일본 미쯔비시 경제연구소는 삼성이 반도체를 할 수 없는 다섯 가지 이유를 들어 이를 논리적으로 비웃기도 했다. 그리고 1983년 12월 강진구 삼성반도체통신 사장이 기자회견을 통해 64KD램 개발 성공을 발표했다. 누가 봐도 믿기 힘든 내용이었지만 삼성이 보내온 샘플을 시험해 본 미국과 일본은 이를 인정할 수밖에 없었다. 분명히 정상적으로 작동되는 반도체였다. 삼성의 64KD램 개발 성공은 우리나라 정보통신 역사상 세 번째 '별의 순간'이었다. 이병철이라는 거인의 고뇌와 결단이 만들어 낸 이 성취를 기반으로 삼성은 1992년 이후 D램 시장에서 단 한 차례도 1등 자리를 내주지 않았다.

제4부

정보통신강국의 문을 연 CDMA 성공신화

14

88올림픽과 무선통신 시대의 개막

1982년 12월 15일 한국통신이 무선호출이라는 새로운 통신 서비스를 제공하면서 이동통신의 시대가 본격적으로 개막된다. 그러나 이때 이동통신이 처음 선을 보인 것은 아니다. 우리나라 이동통신의 역사는 생각보다 길다. 자동차 전화가 가입이동무선전화라는 이름으로 공급된 것이 1961년 8월이다. 대상은 정부 각료들로 차량에 설치된 일방향 전화기 대수는 모두 20대였다. 수동식이어서 전화를 걸려면 교환원을 거쳐야 했고 기지국이 남산 한 곳에만 있어 통화가 끊기기 일쑤였지만 그것만 해도 당시에는 엄청난 특권이었다. 얼마 지나지 않아 이 자동차 전화에 대한 관심이 급증한다. 언론과 기업체 그리고 부유층은 허세와 특권 의식으로 체신부를 졸라댔다. 체신부는 쌍방향 차량용 송수신기 10대를 증설하고 종전의 일방향 기기를 쌍방향으로 개조하여 1965년 가입자 수는 78명을 돌파하게 된다. 1973년 5월에는 교환원을 거치지 않는 기계식 차량 전화 MTS(Mobile Telephone System)를 개통하는데 기존의 수동식에서 자동식으로 넘어가는 중간단계였다. 1976년에는 반전자식 MTS가 도입된다. 가입자 수는 또 소폭 증가하여 348명이었다. 이동전화는 슬슬 계급의 상징이 된다. 전화도 없으면서 차에 안테나를 달고 다니는 사람도 있었다. 자동차 전화 한 대의 프리미엄은 천만 원을 가뿐히 넘었다(백색전화, 청색전화 때와 비슷하다). 가입비가 87만 원이었으니 10배 이상 차이가 났음에도 수요는 마를 줄을 몰랐다. 가장 열정적으로 자동차 전화 요구를 한 것은 국회의원들이었다. 이제 자동차 전화는 허세를 넘어 자존심의 영역이었으며 자신들만 특권을 누리지 못하는 것에 이들은 분노를 참지 못했다. 가입자를 늘리면 되지 않느냐고? 그렇게 간단한 문제가 아니다. 우리나라 무선통신의 발달을 가로막고 있던 것은 놀랍게도 '안보'였다. 국경을 제한 없이 넘나드는 전파의 특성상 '월북'이 가능했고 이는 국가 기밀의 누설로 여겨졌기 때문이다. 달달 볶이던 체신부도 대책을 마련해야 했는데 문제가 둘 있었다. 하나는 기존의 MTS방식으로는 대량 공급의 한계가 있는데다 안기부(현 국정원)의 반대가 심했다. 안기부의 반대 이유가 바로 안보와 도청 위험이었다. 자동차 전화를 쓰는 사람들이 대부분 고위공

직자들인데 이들의 통화 내용을 북한에서 도청하면 어쩔 것이냐는 무시무시한 가정에 체신부는 입을 닫아야했다. 1980년대 초반 기술적인 부분에서 약간의 변화가 생긴다. 미국에서 셀룰러 시스템이라는 새로운 자동차 전화 방식이 개발되고 있었던 것이다. 이 방식은 한 지역에서 10만 명의 가입자를 수용할 수 있는 당시로는 획기적인 시스템이었다. 그러나 이 방식을 도입하려면 미국에서 먼저 보급이 될 때까지 기다려야 하는 상황이었고 보채는 목소리는 계속 높아지고 있었으니 체신부도 속이 타들어 가는 상황이었다.

자동차 전화 혹은 무선통신에 대한 외부환경의 변화가 생긴 것이 1981년이다. 그해 9월 88올림픽 서울 개최가 결정된다. 11월에는 86아시안게임이 결정된다. 올림픽이나 아시안게임은 단순한 스포츠 행사가 아니다. 경기를 개최하는 나라의 정치, 경제, 사회, 문화 등 전 방위에서 모든 역량이 다 발휘되는 이벤트이고 그 중에서도 특히 통신과 전자 기술이 중요한 평가 기준이 된다. 통신과 전산망에 대한 그 나라의 실력을 드러나는 것이다. 올림픽으로 안기부의 안보논리는 더 이상 통하지 않았다. 1982년 초부터 논의가 바빠졌고 체신부는 '이동무선전화 현대화 계획'을 수립한다. 추진 주체는 한국통신이었다. 3월부터 한국통신은 모토로라, AT&T, NEC, 에릭슨 등의 책임자들을 호출, 이동전화와 관련된 세미나를 개최한다. 말이 세미나지 자사의 홍보와 제품 프레젠테이션을 하는 자리였다. 7월에는 모토로라와 AT&T로 대상이 좁혀졌고 11월 모토로라 EMX-250로 회사와 기종이 최종 확정된다. 계약 체결 후 총 38억 원을 투입, 셀룰러 이동전화를 개통한 것이 1984년 5월이었다. 우리보다 이동전화의 발달이 빨랐던 미국에서 서비스를 개시한 것이 1983년이니 불과 1년만에 이동전화의 본고장을 따라잡은 셈이다. 미국은 각 지역마다 이동통신사업자가 있었지만 우리는 한국통신 하나였던 것이 추격전 성공의 이유였다. 첫해 계획된 물량은 3천 회선이었다. 나름 계산 끝에 나온 수치로 당시 전국의 차량이 20만 대, 이중에서 버스나 트럭, 소형 승용차를 제외한 중형 승용차의 숫자가 그 정도였다.

자동전화와 함께 추진된 또 하나의 이동통신이 우리가 삐삐라고 불렀던 페이저(pager)다. 뉴욕에서 일반 전화망과 무선호출 시스템을 이용하여 신호음이나 간단한 메시지를 전달하는 서비스를 개시한 것이 1951년이고 디지털 방식의 무선호출이 처음 선보인 것이 1973년이니 역사가 꽤 길지만 전화 적체로 고생하던 우리 입장에서는 그런 변두리 사안까지 신경을 쓸 여유가 없었다. 무선호출 서비스를 수면 위로 올린 것은 특이하게도 민간인이었다. 삼진광광이라는 회사의 대표였던 김홍근은 사업 때문에 일본을 드나들다 포켓 벨이라는 서비스를 처음 접한다(페이저의 애칭이 포켓 벨). 1978년 김홍근은 무선호출 사업 허가 신청서를 체신부에 접수하지만 바로 반려된다. 법령상 공중전기통신 사업은 체신부 장관만이 경영할 수 있었기 때문이다(데이콤 사례를 기억하실 것이다). 김홍근은 포기하지 않았다. 인맥을 이용하여 집요하게 달라붙은 결과 1979년 10월 중순 무선호출사업에 대한 인가를 받았는데 운이 안 따르려니 10·26이 터지면서 없던 일이 되고 만다. 여기서 좌절할 김홍근이 아니다. 혼란기를 지나 5공 정부가 들어서자 김홍근은 다시 움직이기 시작했지만 체신부 장관 최광수의 벽을 넘지 못하고 결국 꿈을 포기한다. 체신부도 페이저에 대해 아예 모르거나 관심이 없었던 것은 아니다. 한국통신 설립 문제로 남는 손이 없기도 했지만 정말로 페이저의 발목을 잡고 있던 것은 '안보'였다. 페이저 사업을 허가해 주면 이 서비스를 통해 요인 암살용 테러가 가능해진다는 안기부의 반대에는 근거가 있었다. 뉴욕 세계무역회관에 폭탄을 설치하고 시간 맞춰 신호를 보내는 원격조정으로 테러 사건이 발생한 적이 있었기 때문이다. 단말기에 문자가 뜨는 디스플레이 방식은 간첩 통신을 용이하게 해준다는 이유로 아예 논외로 밀려났다. 체신부는 안기부를 '기술적으로' 설득해야 했다. 안기부가 '기술적으로' 사안을 납득한 1982년에서야 페이저 사업이 본격 진행된다. 사업 주체는 막 발족한 한국통신이었다. 한국통신은 일본 NEC의 무선호출 시스템을 도입하여 그해 12월 15일부터 톤 방식(삐 소리만) 무선호출 서비스를 제공한다. 가입자는 300명이었고 1만 5천 원의 가입비와 15만 원의 설비비를 부담했는데 설비비는 사용을 중단하고 반납할 때 돌려받을 수 있었다. 월 사용료는 1만 2천 원. 시작은 미약하였으나 나중에 심히 창대해진 이 서비스 이야기는 뒤에서 잠시 후에 이어가자.

이동통신 사업을 한국통신에서 분리하자는 의견을 낸 사람은 체신부 통신정책국장 윤동윤이었다. 그는 통신사업자의 세분화와 민영화는 세계적인 추세이고 이는 한국통신의 전화 사업 집중에도 도움이 된다며 독자적인 회사 설립을 주장한다. 1984년의 한국통신은 분명 전화 사업 하나만으로도 벅차 보였다. 전화의 대량 공급과 통화 품질 향상에 시간을 쏟아붓기에도 정신없는 상황에서 이동통신까지 감당할 여유는 없었다. 한국통신의 입장은 분리 반대였지만 체신부는 정부가 할 일, 국영기업이 할 일 그리고 민간 영역에서 할 일로 업무를 나누는 통신 관리 체계 개편에 착수한다. 결국 한국통신도 분리에 동의할 수밖에 없었고 1984년 3월 한국이동통신서비스(주)가 발족된다. 한국통신의 자회사 1호가 탄생하는 순간이었고 초대 사장에는 한국통신 강원 지사장 류영린이 임명되었다. 초기에는 한국통신으로부터 소정의 수수료를 받고 업무를 대행해주는 수탁회사에 불과했던 한국이동통신서비스(주)는 얼마 안 가 재정적으로 안정된 궤도에 진입한다. 자동차 전화와 무선호출의 수요가 급증했고 가입자가 눈덩이처럼 불어난 것이다. 창립 첫 해 실적은 자동차 전화 2,731대, 무선호출은 7,942대로 둘 다 판매 목표를 넘겼다. 2차 연도와 3차 연도 역시 판매 목표를 가볍게 넘겼고 서울 중심에서 지방으로 서비스 지역을 넓혀가면서 사업은 날개를 단다. 특히 서비스 지방 확산이 먼저 이루어진 무선호출사업이 효자였다. 슬슬 위탁경영의 문제점이 제기되기 시작한다. 수수료를 받는 수탁운영으로는 성장 잠재력이 무한한 이동통신사업을 획기적으로 발전시킬 수 없었고 인센티브가 없다는 것 역시 한국이동통신서비스(주) 직원들의 의욕을 갉아먹는 요인으로 작용하고 있었다. 1988년 3월 체신부 장관 오명은 노태우 대통령에게 '통신사업의 영역별 전문화'라는 보고서를 내고 이동통신 전담회사 육성방안을 건의한다. 전화 사업은 한국통신, 데이터통신사업은 데이콤 그리고 이동통신사업은 한국이동통신서비스(주)가 맡아 자율적이고 전문적으로 통신 산업을 발전시켜 나간다는 계획이었다. 한국통신은 자회사의 독립에 반대한다. 한국통신이 100% 출자한 회사지만 독립을 하게 되면 자회사가 아니라 경쟁자가 된다. 게다가 자회사로 출발할 때만 해도 전망이 불투명했던 자동차 전화와 무선호출 사업이 짭짤한 수익을 내고 있었으니 아깝기도 했을 것이다. 그러나 분리, 독립은 대세였고 결국 1988년 한국이동통신서비스(주)는 통신사업자로 지정되면서 한국이동통신으로 이름이 바뀐다. 이때부터 한국이동통신은 독자적인 투자 계획을 세우고 본격적인 사세 확장에 나선다. 가입자 증가는 한국이동통신의 성장을 박진감 있게 보여준다. 1988년 2만 명이던 이동전화 가입자 수는 매년 두 배씩 증가하더니 1992년에는 27만 2천 명을 기록한다. 무선호출 가입자 역시 1988년 10만 명이던 것이 1992년에는 145만 명을 돌파하면서 무선호출의 대중화 시대를 연다. 휴대하고 다니면서 전화를 걸 수 있고 국제전화까지 가능한 휴대 전화 가입자 수가 자동차 전화를 추월한 것은 1991년이다. 보급 첫 해인 1988년 당시 자동차 전화 2만 대, 휴대전화 800여 대이던 것이 1992년에는 자동차 전화 8만 6천 대, 휴대전화 18만 5천 대를 기록하며 사실상의 자동차 전화 시대가 끝이 난다. 1989년 정부는 한국이동통신의 빠른 성장에 따라 민간자본을 끌어들이기로 하고 기업 공개를 단행한다. 한국통신이 독점하고 있던 한국이동통신의 주주는 12만 8천 명으로 늘어났고 증자 후 자본금은 200억 원대에 이르게 된다. 신설될 당시 한국통신이 출연한 자본금은 5억 원이었다.

80년대에 통신사업이 획기적으로 발전한 것은 체신부에 정보화 사회라는 새로운 바람이 불기 시작했기 때문이다. 그 바람이 한국통신의 설립을 끌어냈고 데이콤을 만들었으며 한국이동통신을 독립회사로 자리 잡게 만들었다. 그러나 정책 잘 세우고 방향만 잘 잡았다고 일이 돌아가는 게 아니다. 정책의 일관성을 유지하면서 누군가 치열하게 사업을 진행시켰기에 가능했다는 얘기다. 아직 민간이 그 영역에 본격적으로 뛰어들기 전 그 일을 진행한 것은 정부의 테크노크라트들이었다. 박정희 시대 자리 잡은 테크노크라트는 기업과의 연계를 통해 경제발전을 이끈 주역 중의 하나다. 이들은 공무원을 직업으로 생각하는 대신 대한민국을 내 나라라고 생각하며 업무에 매진했다. 5공 정권 시절은 이 테크노크라트가 가장 실력발휘를 많이 했던 시기다. 군인 출신 대통령은 청와대 경제비서실의 정책에 귀를 기울였고 이들에게 힘을 실어줬다. 사람이 바뀌면 정책은 흔들리고 사업이 동력을 잃기 십상이다. 그런 측면에서 오랫동안 자리를 지키면서 사업을 진행시킨 사람들이 있었다는 것은 다행스러운 일이다. 오명은 차관으로 6년 2개월, 장관으로 1년 5개월 간 체신부에 머물면서 정책 기능을 강화했다. 한국통신 사장 이우재 역시 7년 2개월 동안 자리에 있으면서 자신이 맡은 일을 책임감 있게 감당했다. 이 둘의 청와대 파트너였던 홍성원 비서관은 8년 동안 자리를 지키면서 사업의 일관성을 유지했다. 세 사람은 우려와 반대를 무릅써가며 한국정보통신의 역사를 새로 썼다. 그리고 이들과 함께 통신 혁명의 드라이브를 건 또 한 사람의 이름이 있다. 김재익이다. 통신과 정보화에 일찌감치 눈을 뜬 그가 아니었더라면 대한민국 정보통신산업은 선두그룹에 끼지 못한 채 계속 후발주자로 헐떡대며 따라가는 처지가 되었을지도 모른다. 김재익의 아들 김한회는 당시 전두환 정권에서 일하는 아버지를 독재자를 돕고 있다며 비난한 적이 있다. 김재익은 경제의 국제화는 독재정치를 어렵게 하고 시장경제를 도입하면 정치의 민주화는 자연히 따라온다고 대꾸했다. 그는 정말로 별이 되었다. 김재익은 1983년 10월 9일 북한의 폭탄 테러로 미얀마에서 사망했다. 마흔네 살의 나이였다.

15

제2이동통신의 시대 그리고 단군 이래 최대의 기술 혁명 CDMA 1

대한민국 최초의 이동전화 서비스는 1961년 8월이었다. 들고 다니는 전화가 아니라 차에 싣고 다니는 전화로 교환수를 호출해 번호를 알려주면 교환원이 버튼을 눌러 통화가 이루어지는 방식이었다. 통화 품질은 기대할 수 없었다. 전화가 터지는 것만 해도 기특했다. 1972년에는 기계식, 1976년에는 반(半)전자식 서비스가 도입되었고 1983년 한국통신이 설립되면서 셀룰러 시스템이 도입된다. 1988년 서울 올림픽을 계기로 이동전화와 단말기가 도입되지만 비싼 단말기, 높은 통신비는 대중화를 가로막는 장애물이었다. 1989년 체신부는 디지털 이동통신 시스템 개발을 국책과제로 선정하고 코드분할 다중접속(CDMA) 방식을 적용하는 작업에 착수한다. 한국전자통신연구소(ETRI)는 CDMA 원천기술 보유사인 미국 퀄컴(Qualcomm)과 기술협력 계약을 체결하고 개발에 나선다. 1993년 한국이동통신에 CDMA 개발사업단이 꾸려졌고 LG, 삼성, 현대가 장비개발에 참여한다. 1996년 1월 3일 인천과 부천에서 디지털 이동전화 서비스가 첫선을 보인다. 4월에는 서울 전 지역으로 서비스가 확대된다. 세계가 놀란, 말 그대로 단군 이래 최대의 기술혁명이었다. 이 서비스를 토대로 한국은 CDMA 관련 통신 장비와 단말기 분야에서 최고의 경쟁력을 갖춘 정보통신 국가로 성장한다. 이렇게 연대기만 놓고 보면 정해놓은 일정에 따라 술술 사업이 진행된 것으로 오해하기 쉽다. 전혀 아니다. 퇴근도 없고 주말도 없고 휴가도 없이 연구실에서 얼굴빛이 파리해진 기술자들의 열정과 수고는 기본이다. 매 단계마다 사연이고 과정마다 전쟁이었다. 그 치열했고 때로는 무모했던 개발 현장으로 돌아가 보자.

체신부 전파관리국에서 디지털 이동통신 시스템의 개발 계획을 수립한 게 1990년 1월이다. 1988년 이래 이동통신 가입자는 매년 두 배씩 증가추세였고 계산상 1996년에는 포화상태에 이르러 더 이상 가입자를 수용할 수 없다는 위기감에 디지털 방식의 시스템을 고민하지 않을 수 없었던 것이다. 당시 우리나라의 이동전화 방식은 1세대인 아날로그 AMPS 방식이었다. 미국에서 이 AMPS

를 디지털화한 것이 TDMA였고 유럽에서 공동으로 개발한 것은 GSM(Global System for Mobile Communications)이었다. GSM은 TDMA와 마찬가지로 시간분할 방식이다. 각각의 방식은 뒤에 자세히 설명한다. 1990년 7월 체신부는 제1차 통신사업 구조개편을 추진하면서 통신사업 전 영역에 경쟁을 도입하는 방안을 모색한다. 세계에서 열 번째로 전자교환기를 생산하는 등 통신시설의 자립 기반을 마련했고 양적으로는 괄목할만한 성장을 이루었지만 질적인 면에서는 아직 취약한 부분이 많았고 특히 미국의 통신시장 개방 요구가 강도 높게 이어지는 상황에서 국내 사업자의 경쟁력을 강화하는 작업이 급선무로 떠올랐기 때문이다. 체신부는 이를 위해 전기통신 기본법 등 관련법령의 정비 작업을 진행했고 1991년 5월에는 제2이동통신사업자 선정 방식을 주요 내용으로 하는 공청회를 여는 등 바쁜 행보를 이어갔다. 1992년 1월 선경그룹 최종현 회장은 제2이동통신사업 적극 참여를 공식 선언한다. 이 선언은 제2이동통신사업자 선정을 둘러싼 재계의 전쟁을 알리는 신호탄이었다. 대한텔레콤이라는 회사를 설립한 선경(현 SK)은 손길승 경영기획실장(직함은 실장이지만 사장급이다)을 이동통신사업 책임자로 투입했다. 포항제철은 정보통신 분야로 진출하기 위해 만들었던 포스데이타를 중심으로 이동통신 전쟁에 본격적으로 참가한다. 코오롱은 송대평 코오롱정보통신 사장을 내세웠고 총

지휘는 그룹 회장의 외아들 이웅열 부회장이 맡았다. 동양그룹은 안상수 동양선물 사장을 이동통신사업 추진본부장으로 임명했다. 이 네 회사가 제2이동통신 사업자 선정 과정에서 피 튀기는 혈전을 벌인 주요 세력들이다.

이들은 기선제압을 위해 광고전부터 벌였다. 자기 회사가 적임자라는 주장을 담은 광고가 1월부터 4월까지 선경 5억 원, 포항제철 2억 원, 코오롱 8억 원 등 50억 원 가까이 집행되었는데 실제 선정과는 무관한 일이었고 언론사들만 돈을 벌었다. 광고전과 함께 관심을 모은 것이 각 회사들의 컨소시엄 구성이었다. 국내 업체는 물론이고 외국의 협력 업체까지 끌어들여 사업계획서를 제출해야 했기 때문이다. 성격이 정부투자기관이기에 민영화 취지에 어긋난다는 측면에서 자격에 다소 무리가 있는 한전은 선경의 대한텔레콤과 손을 잡았다. 삼성, 대우, 현대는 삼성전관, 대우통신, 현대 상선 등 계열사를 통해 포항제철에 합류했다. 럭키금성은 통신기기 분야의 경쟁자인 삼성이 포항제철로 가자 자연스럽게 선경을 선택했다. 해외 협력업체를 끌어들이는 작업은 더 치열했다. 선경은 미국의 GTE, 영국의 보다폰, 홍콩의 허치슨과 손을 잡았는데 향후 각 지역 통신사업에도 진출하겠다는 포석이 깔린 선택이었다. 포항제철은 미국의 팩텔, 퀄컴, 독일의 만네스만을 끌어들였는데 기술적인 고려가 최우선이었다. 이 선택은 나중에 포항제철에 매우 유리하게 작용한다. 퀄컴은 당시 CDMA라고 불리는 코드분할 다중방식이라는 새로운 기술을 개발 중이었고 93년 정부가 이동통신사업을 추진하면서 제2사업자의 기술방식으로 CDMA를 확정했기 때문이다. 코오롱은 미국의 나이넥스와 손을 잡았고 동양그룹은 미국의 유에스 웨스트와 파트너십을 체결했다. 이렇게 끌어들인 국내외 업체의 숫자는 모두 440개에 달했으니 한반도 역사 이래 최대의 사건이라 부를만한 규모였다.

원래 체신부가 잡은 일정은 2월 공고, 4월까지 사업 신청서 접수 그리고 7월에 사업자 선정이었다. 여기에 제동을 걸고 나온 것이 상공부(현 통상산업부)다. 상공부는 체신부 일정대로 감행할 경우 대부분의 기자재를 수입해야 하는 까닭에 국제무역수지적자 현상이 더 심화될 것이라는 이유로 사업의 연기를 주장했다. 서비스 개시를 1년만 늦춰도 15%에 불과한 현재의 국산화율을 40%까지 올릴 수 있다는 상공부의 목소리에 경제기획원과 일부 언론이 동조하면서 분위기가 연기 쪽으로 흘러가는 듯했다. 바로 체신부의 반박이 이어졌다. 시기를 늦추면 국내 이동통신사업이 5년 이상 후퇴하는 결과를 가져올 것이며 조기 서비스 개시는 오히려 관련업체들을 자극해 국산화를 앞당길 것이라는 설명이었다. 양측이 팽팽하게 맞서는 가운데 이 문제를 둘러싼 정치적인 해석까지 등장한다. 노태우 대통령과 선경은 사돈지간이다. 자연히 선경에게 특혜를 주려는 것이 아니냐는 추측이 나왔다. 노태우 대통령의 부담을 덜기 위해 사업자 선정을 다음 정권으로 넘기려 했고 상공부가 이 역할을 맡았다는 일종의 음모론이었다. 사방에서 별소리를 다 들은 대통령은 역정을 냈다. 공정하면 됐지 뭐가 무서워 선정을 미루느냐는 힐책에 사업은 예정대로 진행된다. 다만 까먹은 시간이 있어서 공고는 두 달이 늦어진 4월 14일자로 난다.

1992년 6월 26일은 체신부 역사상 가장 많은 서류가 접수된 날이다. 6개 컨소시엄이 제출한 제2이동통신 신청 서류는 총 50만 페이지가 넘는 분량으로 2.5톤 트럭 12대 분량이었다. 동양그룹은 15만 페이지, 포항제철은 12만 6천 페이지였고 가장 많은 분량을 제출한 선경은 무려 22만 페이지에 달했다. 서류는 충남 도고에 있는 한국통신 도고수련관으로 보내졌고 한 달여 걸친 채점이 시작된다. 심사위원은 각계 전문가 40여 명으로 구성됐는데 이들에게는 각자 7평짜리 방 하나씩이 주어졌다. 보안을 위해 이들이 묵고 있는 4층과 5층에는 엘리베이터가 서지 않았고 비상계단으로 통하는 문은 아예 용접을 해버렸다. 식사 시간과 약간의 운동 시간 외에 개인적인 자유는 허용되지 않았으며 가족과의 통화도 관리

요원들이 일일이 체크했으니 심사위원들의 10박 11일 간 일정은 감옥생활이나 다름없었다. 1992년 7월 29일 합격자 발표가 난다. 1차에서 3개 업체를 추리고 여기서 다시 최종업체를 결정하는 방식이었는데 총 1만 점 만점에 선경이 8,127점으로 1위였고 그 뒤를 7,783점의 코오롱과 7,711점의 포항제철이 뒤따랐다. 수면 밑에서 잠복 중이던 선경 특혜 시비가 바로 물 위로 솟구쳐 올라온다. 대부분의 언론들이 "예상대로", "소문대로" 같은 자극적인 타이틀로 기사 제목을 뽑았고 대통령 사돈에게 이권을 넘겨주어서는 곤란하다는 신문 사설이 줄을 이었다. 야당인 민주당과 국민당은 체신부를 항의 방문했다. 국정조사권을 발동하겠다며 공세 수위를 높이는 가운데 민주당 조세형 의원은 체신부 송언종 장관에게 내일 퇴임하는 선생님이 왜 3년 치 시험문제를 출제해 놓느냐며 나무라는 광경이 연출되었다.

대통령의 측근인 금진호와 이원조가 수차례에 걸쳐 노태우 대통령을 만났고 결국 선경의 사업권 반납으로 사태 해결의 가닥이 잡힌다. 선경은 선정 7일째인 8월 27일, 기자회견을 통해 사업 포기를 공식선언한다. 다음 날인 28일에는 송언종 장관이 신규 사업자 선정을 다음 정부의 결정에 맡긴다는 내용의 발표를 했고 당일 사의를 표명한다. 국민 정서에 기업과 정부가 굴복하고 물러선 상징적인 사건이었다.

김영삼 정부가 들어서고 이동통신 사업자 선정 작업이 재개된다. 송언종 장관에 이어 바통을 이어받은 것은 윤동윤이었다. 서울법대 출신으로 행정고시에 합격, 1966년부터 행정 사무관으로 체신부에서 공직 생활을 시작한 그는 과장, 국장, 차관을 거쳐 문민정부에서 장관으로 발탁됐다. 외부 영입이 아닌 관료로 출발해서 장관까지 오른 사람은 그가 처음이자 마지막이다. 1993년 6월 9일 윤동윤은 이동통신 사업과 관련해 체신부의 공식입장을 내놓는다. 기자 간담회라는 가벼운 형식이었지만 내용은 묵직했다. 제2이동통신 사업은 우리 기술로 만든 신기술로 서비스를 하는 것이 바람직하며 방식은 코드분할 다중방식인 CDMA로 하겠다고 못을 박아버린 것이다. 윤동윤은 알았을까. 그 순간 자신이 대한민국 통신사에서 가장 중요한 결정 중의 하나를 내렸다는 사실을. 6월 15일에는 좀 더 구체적인 일정이 나온다. 제2이동전화사업자는 1995년 말 사업을 개시하는 것을 목표로 하며 사업자 선정을 1994년 6월까지 마치겠다는 내용이었다. 언론은 우호적이지 않았다. 시기를 늦추면 국내 이동통신사업이 5년 이상 후퇴하는 결과를 가져올 것이라며 난리를 치더니 1992년 7월의 1차 사업자 선정 파동으로부터 10개월이나 지나 사업계획을 발표한 데다 사업자 선정 기한을 모호하게 미루었기 때문이다. 뒤로 밀린 일정보다 더 논란을 부른 건 CDMA였다. 상용화가 이루어지지도 않은 기술을 전제로 사업을 진행한다니 이를 납득할 사람이 얼마나 있을까. 제2이동통신 사업 일정을 놓고 한 차례 체신부와 충돌했던 상공부가 이 점을 물고 늘어졌다. 선진국에서 이미 상용화되었고 국내에서도 2년 내에 실용화가 가능한 TDMA를 선택하는 게 옳다는 주장이었다. 그러나 윤동윤은 물러서지 않았다. 나중에 윤동윤이 한 신문사 인터뷰에서 밝힌 바에 의하면 그에게 힘을 실어 준 것은 김영삼 대통령이었다. CDMA 상용화 방침을 앞두고 장단점을 보고했을 때 대통령은 자신 있냐고 물었고 윤동윤은 최선을 다하겠다고 대답했다. 잠시 생각 끝에 대통령은 소신대로 하라는 말로 회의를 마무리 지었다. 여론과 지지율에 민감한 게 대통령이란 자리다. 언론에서 아무리 떠들어도 이후 김영삼은 이 문제를 아예 언급도 하지 않았다.

1993년 12월 윤동윤은 이동통신사업자 선정방식을 발표한다. 차관 재임 시절 선경의 사업권 반납이라는 트라우마를 겪은 윤동윤은 이 문제를 푸느라 밤잠을 설쳤다. 상상하고 싶지도 않은 경우의 수는 선경이 또 1등을 하는 것이었다. 그럴 경우 여론은 선경에게 주기로 한 특혜를 대통령 선거 이후로 미루는 편법을 사용했다고 난리를 칠 것이 뻔했다. 윤동윤은 경제 문제를 정치 논리로 풀기로 한다. 두 개의 시나리오를 만들어 하나로 섞었는데 사업자 선정을 단일 컨소시엄 방식으로 결정하고 전경련에 컨소시엄의 구성을 위임하는 동시에 한국이동통신의 민영화를 진행해버린 것이다. 이동통신 사업자 쟁탈전의 열기를 빼면서 한국이동통신이라는 먹을거리를 하나 더 던져준 셈이었다. 당시 전경련 회장은 선경의 최종현이었다. 공을 넘겨받은 최종현은 사업자 선정을 삼성의 이건희 회장에게 위임하는 것으로 공을 또 넘긴다. 그리고 제2이동통신 사업자 선정에 응모하지 않는 대신 민영화 작업 중인 한국이동통신의 매입으로 방향을 돌린다. 막강한 후보 하나가 줄었다고 생각하던 차에 돌발변수가 발생한다. 포항제철이 한국이동통신에 흥미를 보이기 시작한 것이다. 윤동윤은 공기업 민영화 차원에서 주식 매각이 추진되고 있던 한국이동통신 주식을 역시 공기업인 포항제철이 매각하는 것은 문제가 있다는 논리로 포항제철의 입찰을 배제한다. 포항제철은 즉각 반발하고 나섰고 여론도 그동안 이동통신사업 참여를 허용했던 포항제철에 대해 새삼스레 제한을 두는 것은 앞뒤가 맞지 않는다며 포항제철의 편을 든다. 결국 체신부는 한발 물러섰고 포항제철의 한국이동통신 주식 매각을 허용하는 것으로 사태가 정리된다. 이렇게 끝? 아직 단일 컨소시엄 구성이 남았다.

1994년 1월 15일 남산 하얏트 호텔 근처의 한 한옥에 재계 거물급 인사들이 모여든다. 그날 모임을 계기로 세상에 알려진 승지원이라는 한옥으로 이건희 회장의 개인 영빈관이었다. 이들은 이후 2월 23일까지 6차례에 걸쳐 모임을 갖고 복잡한 사안의 교통정리에 들어간다. 쌍용그룹과 동양그룹의 제2이동통신 지배주주 포기 선언과 선경의 한국이동통신 경영권 인수는 어렵지 않게 해결된다. 그러나 컨소시엄 지배주주 자리를 놓고 격돌한 포항제철과 코오롱의 이견을 좁히는 것은 쉽지 않았다. 이건희 회장과 쌍용의 김석원 회장이 마지막 중재에 나선 끝에 포항제철이 15%의 지배주주가 되고 코오롱이 14%의 대주주로 참여하는 최종안이 통과된다. 최종현 전경련 회장은 정명식 포항제철 회장, 코오롱 이동찬 회장과 공동기자 회견을 열고 이를 공식 발표한다.

한편 선경은 94년 1월 24일, 25일 양일간 진행된 한국이동통신 주식 매각 입찰에서 발행주식의 23%인 127만 5천 주를 4,270억 원에 낙찰받았다. 정부가 보유한 한국이동통신 주식 64% 중 20%를 남긴 44%를 매각했으니 23%면 최대주주로 경영권을 가져갈 수 있었다. 9만 원 선의 주가를 33만 원으로 띄어놓고 매각한 선경의 무자비한 전략이었다. 제2이동통신을 못하게 하는 대신에 한국이동통신을 넘겨주었으니 조삼모사라고 해야 하나 눈 가리고 아웅이라고 해야 하나. 하여간 선경은 800만 명의 삐삐와 아날로그 이동전화 가입자를 손에 넣었고 어쩌면 이동통신 사업자 선정 전쟁에서 가장 행복한 승자가 되었다. 사업자가 정해졌으니 이제 본격적으로 통신 기술 이야기로 가 보자.

16

제2이동통신의 시대 그리고 단군 이래 최대의 기술 혁명 CDMA 2

애초에 한국전자통신연구소가 적극적으로 검토했던 것은 미국 표준이던 TDMA다. 자체 개발이라는 원대한 목표를 세우고 도전해 보기를 수차례, 그러나 기반 기술 자체가 없는 연구소의 실력으로는 오를 수 없는 산이었다. 결국 연구소는 자체 개발 대신 외국 기업들과 TDMA 공동개발(이라고 쓰고 옆에서 보고 배운다, 라고 읽는다)을 모색하며 AT&T, 모토로라, 노키아 같은 대형 업체들과 접촉을 시도한다. 그러나 수년에 걸쳐 엄청난 인력을 투입해 개발한 기술을 그렇게 쉽게 내줄 회사는 어디에도 없었다. 1990년 11월 초 미국 출장길에 올랐던 이원웅(연구소의 무선통신개발단 단장)은 모토로라와의 협상에서 별 성과를 거두지 못한 채 귀국 준비를 하던 참이었다. 어쩌다 예전에 연구소에서 같이 일했던 오태원과 연락이 닿았고 얼굴이나 보고 가려던 것이 뜻밖의 성과를 낳는다. 나이넥스사에서 근무하던 오태원은 마침 한 벤처회사의 이동통신 기술시험을 주관하고 있었고 덕분에 이원웅은 필드테스트를 통과한 CDMA 기술을 접할 수 있었던 것이다. 새로운 길이 보이는 순간이었다. 귀국 즉시 이원웅은 경상현 소장에게 이를 보고한다. 그러나 경상현은 이미 CDMA에 대해 어느 정도 윤곽은 파악하고 있었다.

TDMA와 CDMA는 어떻게 다른가. 그것은 신호를 처리하는 방법이다. 이동통신에서는 사용자를 분명하게 구분해 정확한 정보를 전달하는 것이 가장 중요하다. CDMA 개발 당시 미국 표준이던 TDMA는 이를 시간 단위로 나누어 전달하는 방식이었다. 가장 쉽게, 대신 가장 무식하게 설명하자면 무전기를 생각하면 된다. A, B 두 사람이 통화를 할 때 A가 말을 한 뒤 B가 말하고 다시 A가 말을 하는 식이다. 다만 시간 분할이 매우 미세하게 이루어지기 때문에 이용자들은 자신의 신호가 특정 시간대에만 전송된다는 사실을 체감하지 못한다. CDMA는 데이터를 인코딩하여 암호화하는 것이다. 예를 들면 A의 음성을 디지털로 변조한 '010101'이 있을 경우 이를 인코딩하여 기지국으로 보낸 후 B에게 전송한다. 암호화된 정보는 모두가 받을 수는 있지만 이를 해독할 수 있는 것은 B

뿐이다. B는 암호화된 정보를 디코딩하여 '010101'을 받고 이것을 아날로그로 변조하여 소리로 듣게 된다. 흔히 칵테일파티 효과라고도 하는데 시끄러운 잔칫집에서 한 사람의 화자에게만 주의하고 유사한 공간 위치에서 들려오는 다른 대화를 선택적으로 걸러내는 것을 말한다. 각기 다른 언어를 사용하는 사람들이 모인 자리에서 한국어만 잘 들리는 것 역시 적당한 설명이다. TDMA는 기술개발이 비교적 간단하지만 대신 실제 데이터양에 상관없이 일정한 시간을 한 회선에 독점적으로 배분하기 때문에 효율이 떨어진다는 문제가 있다. 반면 CDMA는 수용 용량이 아날로그의 10배 이상이며(TDMA는 4배 정도) 특정 코드를 매개로 송신과 수신이 이루어지므로 같은 시간대에 동일 중계기를 사용하는 것이 가능할 뿐 아니라 보안성도 높아진다.

이런 이유로 CDMA는 원래 군용으로만 제한적으로 활용되던 기술이다. 군 통신에서 전파 방해나 도청 방지를 위해 무선 채널을 부호화하여 사용하던 CDMA는 대부분의 군용 기술처럼 시간이 지나면서 민간에 개방된다. 그게 1984년으로 일반인들이 기술을 구경할 수 있는 것도 바로 그때부터다. 그러나 그보다 한참 앞선 1966년 CDMA 기술을 접한 한국인이 있으니 현재 한국정보통신 회장인 박헌서다. 미국 방위산업체에서 근무하던 박헌서는 보안성이 높고 인공위성 통신에 사용되던 이 새로운 기술에 매료된다. 그때까지만 해도 아마 상상도 하지 못했을 것이다. 나중에 자신이 이 CDMA의 국내 상용화에 산파 역할을 하게 될 것이라는 사실을. 20년 가까운 시간이 흐른 1988년, 당시 팩텔사 한국지사장으로 근무하던 박헌서는 본사로부터 신기술에 관한 팩스를 받는다. 자신이 오래 전에 보고 감탄했던 CDMA에 관련된 것으로 팩텔이 연구비를 지원한 퀄컴이라는 회사가 이 기술을 이용, 이동전화 실험 시스템을 개발하고 있다는 내용이었다. 박헌서는 모교인 코넬대학을 통해 퀄컴에 대한 자세한 정보를 얻을 수 있었다. 퀄컴은 1985년 설립된 회사로 창업자는 어윈 제이콥스(Irwin Mark Jacobs)와 앤드류 비터비(Andrew Viterbi)다. 두 사람 모두 통신 분야의 세계적인 권위자였고 특히 어윈 제이콥스가 1965년 저술한 '통신 공학 원리'는 공과대학생들의 바이블이었다(이 책은 2022년 현재도 교제로 쓰인다). MIT의 교수로 잘 나가던 어윈 제이콥스와 앤드류 비터비는 링커빗이라는 회사를 차려 큰돈을 번 것으로 알려졌다. 그런 두 사람이 오십대에 다시 벤처를 차렸다고? 박헌서는 퀄컴이라는 회사의 기술적인 자신감과 야심을 엿볼 수 있었다. 퀄컴에 대한 가장 유익한 정보는 기술 개발에 돈을 다 쏟아부어 재정 상태가 최악이라는 사실이었다.

박헌서는 기꺼이 CDMA 전도사가 되기로 결심한다. 한국이동통신의 김여석 사장과 연구소 소장 경상현이 박헌서에게 CDMA 심화학습을 받았고 이런 경로로 경상현은 이원웅이 보고하기 전부터 퀄컴과 CDMA에 대해 잘 알고 있었던 것이다. 좀 더 많은 정보가 필요했던 이원웅은 박헌서를 찾아간다. 박헌서는 CDMA와 퀄컴에 대해 친절하게 브리핑을 해준다. CDMA가 왜 성능이 뛰어난 기술인지, 도입할 경우 어떤 이득이 있는지에 대한 설명을 들으면서 이원웅은 CDMA가 우수한 보안에 물리적, 시간적 비용 절감 효과까지 있는 기술이라는 것을 확신할 수 있었다. CDMA에 대한 설명이 기술적으로 유익했다면 퀄컴에 대한 이야기는 현실적으로 유용했다. 강점은 원천기술을 가지고 있다는 것, 약점은 돈이 없고 교환기 장비가 없다는 것. 자리에서 일어서던 이원웅은 박헌서에게 자기 일도 아닌데 왜 그렇게 CDMA에 열성적이냐고 물었다. 박헌서는 시큰둥하게 대꾸했다. "애국하려고요." 아무렇게나 한 말이 아니었다. 1938년생인 박헌서는 미국 유학 시절부터 주로 방위산업과 관련된 통신 분야에서 일했고 GTE(General Telephone Electronics)에서 근무할 당시인 1966년 CDMA 기술을 처음 접한다. 그는 이 신기술에 대한 내용을 친구에게 편지로 알리기도 했는데 자기만 알고 있기에는 너무나 아까웠기 때문이다. 역시 방위산업체인 TRW로 자리를 옮긴 뒤에는 인공위성 통신 관련 업무를 하면서 여기에도 CDMA 기술이 들어간다는 사실을 알 수 있었으니 박헌서가 CDMA와 사랑에 빠진 것은 당연한 일이다. 1974년 재미과학자 컨퍼런스에서 한글 기계화에 대한 프레젠테이션을 한 것이 인연이 되어 다음 해에는 국방과학 연구소에서 근무했으니 이력으로만 봐도 박헌서의 애국은 빈말이 아니었다.

혼자만 확신을 가진다고 될 일이 아니었다. 이원웅은 박헌서에게 연구원들을 위한 전문가 초청 강연을 부탁했고 박헌서는 팩텔의 부사장인 윌리엄 리 박사를 소개한다. 1990년 11월 연구소를 방문한 것은 윌리엄 리 혼자가 아니었다. 퀄컴의 어윈 제이콥스와 앤드류 비터비가 동행했고 경영진인 앨런 살마시(Allen Salmasi) 부사장도 함께였다. 앨런 살마시는 경상현 소장에게 깊은 인상을 남긴다. 귀족인 아버지가 엄청난 유산을 물려줬고 CDMA는 돈이 아니라 자기가 좋아서 사업에 동참한 퀄컴의 걸작이라는 설명이었다. 기술을 독점할 생각이 없다는 말도 경산현의 마음을 흔들었다. 가서 직접 보고 와. 경상현의 지시로 이원웅이 퀄컴 본사를 방문한 게 1991년 초다. 어윈 제이콥스는 친절한 회사 소개에 덧붙여 연구소에서 봤던 TDX-10 칭찬을 잊지 않았다. 우수한 기술을 가지고 있는 연구소와 파트너 관계를 맺고 싶다는 적극적인 제스처였다. 퀄컴사와 연구소는 MOU(양해각서)를 체결한다. 비용 부담 없이 서로 기술 교류를 활발히 한다는 내용이었다.

신기술을 개발해 놓고도 활로를 찾지 못했던 퀄컴도 연구소와의 공동연구는 좋은 기회였다. 자신들의 이동통신 기술을 전자교환기에 물려보는 실험은 돈을 주고라도 해야 할 판이었다. 더구나 자금 부족이라는 절박한 상황이다. 살마시 부사장이 1,900만 달러가 적힌 공동개발 계약서 초안을 들고 이원웅을 찾아온 것은 양해각서를 체결한 지 불과 한 달 만이었다. 결코 적은 비용이 아니었다. 연구소 내부에서도 공방전은 치열했다. 그러나 흐름은 이미 CDMA 쪽으로 잡혀가고 있었다. 1991년 5월 연구소는 퀄컴과 계약을 체결한다. 28개월 동안 진행될 공동개발을 3단계로 나누었고 단계마다 190만 달러, 1,000만 달러, 505만 달러를 지급하기로 했으니 원래 금액에서 205만 달러가 삭감된 비용이었다. 양측이 계약서에 서명을 하는 순간 경상현 소장이 박헌서를 물고 늘어졌다. 이 기술을 처음 소개한 사람도 당신이고 퀄컴이 CDMA 상용화를 하고 있다는 정보를 알려준 것도 역시 당신이니 책임을 지는 차원에서 입회인으로 서명하라는 얘기였다. 계약 당사자도 아닌데 서명이라니. 법률적인 효력은 없는 서명이라는 것은 경상현도 박헌서도 알고 있었다. 박헌서는 어떻게든 기술 개발을 성사시키겠다는 경상현의 의지에 동참한다는 의미로 기꺼이 입회인란에 이름을 적었다.

이렇게 모든 것이 다 정리된 게 아니었다. 복병은 사방에서 수시로 튀어나왔다. 계약서의 내용이 불분명하다, 공동개발이라면서 왜 우리만 1,700만 달러를 지불하느냐, 약속한 기일 내에 완성이 안 되거나 만족할만한 기술이 아닐 경우는 어떻게 할 것이냐 등등 질문과 시비와 트집 사이를 오가는 말들에 대한 답변은 이원웅의 몫이었다. 이원웅은 체신부와 한국통신, 한국이동통신을 자기 집처럼 드나들며 사람들을 설득해나갔다. 경상현의 머리도 복잡했다. 그는 생각만큼 기술협조가 이루어지지 않고 실적이 미비할 경우 공동개발을 1단계에서 끝내고 2단계는 포기할 각오까지 하고 있었다. 윤동윤 장관은 국회 교통체신위원회에서 시달리는 게 일이었다. 왜 이미 나와 있는 TDMA 기술을 놔두고 미래가 불투명한 CDMA라는 기술을 상용화해야 하느냐며 여야 불문 문제를 제기했기 때문이다. 전자교환기 때처럼 기술개발에 함께 참여하기로 한 삼성, LG, 현대의 태도도 문제였다. 내심 TDMA 기술도입을 바랬던 삼성전자는 노골적으로 비협조적이었다. 윤동윤은 삼성전자 직원의 체신부 출입을 금지하는 것으로 응수했다. 연구소는 LG를, 한국통신은 현대에 출입금지를 하는 것으로 보조를 맞췄다. 보름 후 삼성전자 대표가 장관실로 찾아와 삼성이 CDMA 제품을 제일 먼저 생산하겠다고 약속했고 체신부는 금지조치를 풀었다. 실제로 삼성전자가 제일 먼저 CDMA 제품을 만들었다. CDMA 상용화에 반대했던 삼성전자가 현재는 휴대폰 세계시장 1위로 최대 수혜자가 되었으니 참으로 아이러니한 일이 아닐 수 없다. CDMA가 한국 이동통신 시장에서 독점적 지위를 가지는 것을 우려한 TDMA 업자들의 로비는 극성이었다. 모토로라, 에릭슨 등은 다양한 창구를 통해 압박을 넣었고 CDMA의 불안한 미래를 부풀렸다. 적은 내부에도 있었다. 퀄컴은 기술이란 기술은 다 쪼개 로열티를 챙기려 들었다. 연구소는 강력한 맞대응과 설득을 병행하며 퀄컴과의 관계를 조율해 나갔다.

1992년 6월, 연구소와 체신부 그리고 한국통신은 사방의 적을 한군데 모아 놓고 섬멸작전을 펼친다. 신라 호텔에서 대규모 컨퍼런스가 있었고 메인 발제자는 박헌서였다. '테크니컬 옵션과 이점'이라는 발표 부분에서 박헌서는 아날로그 방식인 AMPS와 TDMA 그리고 CDMA를 비교 분석했다. 회선 용량, 통화 품질, 비용 같은 항목으로 채점표를 만들었고 최고, 평균 이상, 평균, 최악으로 점수를 매겼다. TDMA는 용량, 품질, 비용에서 평균 이하였고 CDMA는 세 항목 모두 최고였다. 정보 이론 박사답게 주먹구구식이 아니라 과학적인 분석과 실험 결과를 통한 둔 평가였고 이 행사로 기술적인 잡음은 상당 부분 사라진다. 그렇다고 모든 풍파가 사라진 것은 아니었다. 윤동윤이 보기에 연구소의 관리 능력은 심각한 문제였다. 원천기술 제공자인 퀄컴과는 매끄럽지 못했고 공동개발자인 삼성, LG, 현대 등 업체와도 대립이 일상이었다. 윤동윤이 파견한 서기관 신용섭은 긴밀한 내사 결과 이동통신기술 연구단장 교체를 건의했다. 윤동윤은 TDX 때와 같이 전체를 총괄하는 사업단의 구성을 고민한다. 1993년 8월 윤동윤은 장관 자문기구로 '전파통신기술개발추진협의회'를 설치했고 한국이동통신에는 '이동통신기술개발사업관리단'을 만들도록 지시했다(이하 전자는 협의회, 후자는 사업관리단으로 칭한다). 연구소와 산업체의 관리를 맡은 사업관리단장으로는 TDX 사업 당시 수완을 발휘했던 서정욱이 임명되었다. 사업관리단장의 권위를 세워주기 위해 대우를 한국이동통신 사장과 똑같이 하도록 했는데 한국이동통신 사장 조병일을 불러 직접 지시했다.

그 무렵 전자통신연구소 소장은 양승택 박사였다. TDX 개발 당시를 혹시 기억하실지 모르겠다. 양승택은 전자통신연구소 TDX 개발단장이었고 서정욱은 한국통신 TDX사업 단장이었다. 서정욱의 좌충우돌, 계통도 없이 마구 설치는 방식에 질려버렸던 그때를 떠올리며 양승택은 치를 떨었다. 그 악몽이 또 재현될 판이다. 과

연 서정욱은 초반부터 드라이브를 세게 걸고 나왔다. 개발 작업을 업체 주도로 끌고 나가는 방식으로 연구소의 힘을 뺐고 개발 책임자를 교체하라는 압력을 넣었다. 양승택이 호락호락 요구를 들어줄 리 없었다. 서정욱은 연구소와 참여 업체의 연구 개발 책임자들을 모아 놓고 사용자가 요구하는 제품을 개발해야만 한국통신에서 이를 구매하겠다고 선언했다. 한편 연구소와 별도로 독자개발에 나선 LG에 대한 적극 지원도 약속했다. 연구소의 권위는 실종됐다. 서정욱의 무지막지한 강공에 양승택은 손을 들었고 개발 책임자를 박항구로 교체한다. 1995년 9월 말이라는 피 말리는 개발 완료 일정을 앞두고 서정욱은 박항구와 부장급 연구원들을 호출한다. 한자로 '환골탈태'를 쓰게 한 후 일일이 서명을 받았고 자신도 그 아래에 이름을 적었다. 개발 시한을 엄수하라는 무언의 압력으로 정말이지 각서 쓰기의 전성시대였다. 업체들도 긴장했다. 하는 꼴로 봐서는 정말 날짜 맞춰 개발을 할 것 같았다. CDMA에 약간 보이콧 비슷한 행태를 보였던 삼성은 그간의 게으름으로 진도가 많이 뒤떨어져 있었다. 결국 연구소에 기대어 시간을 만회하는 수밖에 없었다. 전자교환기 기술이 없었던 현대는 애초부터 연구소가 아니면 직립보행이 어려운 상황이었다. LG 역시 퀄컴의 기술이 필요했고 창구 역할을 하는 연구소와 척을 지면 곤란한 상황이었다. 연구소와 업체 사이에 업무를 통해 협조체계를 만들어가는 자연스러운 상황이 연출되었다. 서정욱을 투입한 것은 CDMA 개발을 성공적으로 끝내기 위해 윤동윤이 던진 신의 한수였다.

서정욱이 윤동윤이 던진 회심의 바둑돌이라면 서정욱 역시 묘수 하나를 손에 들고 있었다. MIT의 임재수 박사가 개발한 IMBE 보코더(vocoder)였다. 보코더는 보이스 코더의 약어로 음성 압축·복원 기술법을 말한다. 임재수의 말에 의하면 IMBE 보코더는 퀄컴보다 더 적은 정보량으로 음성을 압축시킬 수 있고 음질도 윗길이라고 했다. 이걸 누구에게 던질까. 곰곰이 머리를 굴리던 서정욱은 삼성의 아날로그 애니콜이 모토로라를 바짝 추격하는 상황에 주목했다. 판단이 섰을 때 망설이는 것은 서정욱의 스타일이 아니다. 서정욱의 전화를 받은 장주일 삼성전자 부사장은 이 사람이 제 정신인가 싶었다. IMBE 보코더를 이용해 애니콜을 CDMA 단말기로 만들어 보라는 권유형, 명령이었던 것이다. 이제 겨우 퀄컴 보코더를 이용해 시제품을 만들고 있는 중인데 새 제품을 또 개발해 달라니 황당하기 짝이 없었지만 서정욱은 남이야 그러건 말건 8월 말까지 40대를 요구하고는 일방적으로 전화를 끊었다. 단말기가 거기서 거기지 하면서. 장주일은 바로 천경준 이사에게 달려갔다. 천경준은 애니콜 신화를 만든 전설의 기술자로 88올림픽 때 모토로라가 시장을 석권하는 것을 보며 절치부심 칼을 갈았던 인물이다. 그는 6년 간 준비를 마친 끝에 애니콜을 탄생시켰고 모토로라 마이크로 텍의 뒷머리를 잡아채는 데 성공한 바 있었다. 천경준은 쉽게 생각하기로 했다. 만들어 보지 뭐.

1994년 6월 15일 한국이동통신의 대덕 중앙연구소에서 삼성의 단말기 시험이 실시된다. 실패였다. 통화는 연결되지 않았다. 7월 1일 재시험에서는 통화가 정상적으로 이루어졌다. IMBE 단말기로 성공한 첫 통화였다. 통화를 성공시킨 삼성 문황태 과장의 환한 표정은 얼마 가지 않아 일그러졌다. 서정욱이 1994년 말까지 휴대폰 개발을 완료하고 1995년 말에는 제품 출시를 약속한다는 각서를 쓰라고 윽박질렀기 때문이다. 문황태가 불가하다며 뒤로 물러서자 서정욱은 문황태의 손목을 비틀면서 5천만 원을 줄 테니 개발에 성공해야 한다며 반복해서 각서를 강요했다. 문황태는 서정욱의 요구를 들어줄 수밖에 없었다. 개명 천지에 그래도 배웠다는 사람들 사이에서 오간 폭력적인 상황에 문황태는 눈물이 날 지경이었다. 사업관리단은 문황태의 각서를 복사해서 액자에 넣어 돌렸다. 이런 무지막지한 에피소드는 서정욱이 지나간 자리마다 마치 발자국처럼 남았다.

이제 제2이동통신 사업단의 이야기로 시선을 돌려보자. 포항제철이 사업자로 선정된 후 확정한 사명이 신세기통신이다. 새로운 세기의 통신이라는 의미로 제2이동통신 사업자 1차 선정 때 구성된 컨소시엄인 신세기이동통신 주식회사의 이름을 줄인 것이다. 1994년 5월 2일 설립됐고 초대 사장의 막중한 임무를 맡은 사람은 권혁조였다. 그는 서울대 외교학과와 워싱턴 대학에서 경영학을 전공한 수재였다. 그가 기술과 인연을 맺게 된 것은 김성은 국방장관을 보좌하다 방위산업체로 스카우트 된 이후부터다. 상용화를 앞둔 권혁조는 간부들에게 이동통신 사업은 서비스업이라는 사실을 여러 번 강조했다. 경영학 전공자답게 그는 고객 지향 마케팅만이 경쟁이 치열한 이동통신사업에서 살아남을 수 있다는 사실을 잘 알고 있었다. 그렇다고 말랑말랑한 스타일은 아니었다. 꼼꼼했고 두드려야 할 돌다리가 어디인지 정확히 짚어냈다. 시스템장비공급업체선정을 두고 막바지까지 고민하던 권혁조는 기술이사인 그라인드 스텝을 불러 은밀히 지시를 내린다. 삼성의 영업 담당 김영기 이사가 사무실로 들어온 팩스를 보고 비명을 지른 건 그로부터 몇 시간 뒤였다. 김영기는 바로 그라인드 스텝에게 전화를 걸었다. 이 팩스, 제발 농담이라고 해 다오. 신세기통신의 회사직인이 찍힌 팩스에는 1996년 1월 1일 납품 기한을 어길 때에는 1,000억 원의 벌금을 배상하는 조건이 적혀 있었다. 당시 신세기통신이 구매할 장비의 총액이 1,000억 원이었으니 제품 가격과 벌금이 같은 유례없는 일이었다. 팩스는 불행히도 농담이 아니었다. 그라인드 스텝은 공식적인 사장의 지시이며 예정 기한 내에 고객 서비스를 하지 못할 경우 발생할 회사 유지비용이라며 전혀 듣고 싶지 않은 설명까지 친절하게 보탰다. 삼성전자 남궁 석 사장은 한걸음에 권혁조에게 달려갔다. 그러나 권혁조의 강한 의지만 확인했을 뿐이다. 삼성은 울며 겨자 먹기로 계약을 체결할 수밖에 없었다. 장비 납품 수주 경쟁에서 떨어진 모토로라는 집요했다. 권혁조는 삼성과 이미 계약이 끝난 상황이라 번복이 어렵다고 했지만 막무가내로 장비 납품을 요청했다. 정 그렇다면 삼성과 이야기를 해보라는 권혁조의 말에 모토로라는 남궁 억 사장에게 미팅을 제안했다. 시스템 장비 공급을 놓고 상용시험을 1천 가지나 한다는 말에 모토로라는 절대 통과할 수 없을 것이라며 비용을 지불하고 자신들의 기술을 전수받으라는 제안을 내놓았다. 협상은 돌고 돈 끝에 원점으로 돌아왔다. 귀국한 남궁 석은 가락동에 있는 삼성연구소을 찾아 협상 결렬 소식을 전했다. 모토로라의 기술은 얻을 수 없으며 우리 힘으로 모든 것을 해결해야 한다는 얘기였다. 말미에 남궁 석은 연구원들에게 부탁을 하나 했다. 사업 성공 전에는 집에 갈 생각 마세요.

1995년 3월 서정욱은 한국이동통신 사장에 취임한다. 선경이 경영권행사를 한 이후 첫 번째 사장이었다. 6월 KOEX에서 정보통신전시회가 열린다. 한국이동통신과 신세기통신에게는 상용화를 반년 앞두고 CDMA 이동전화 시연회를 갖는 자리이기도 했다. 정통부(1994년 12월 23일 국회를 통과한 정부조직법에 따라 체신부가 폐지되고 정보통신부가 탄생) 장관 경상현이 직접 통화 시연을 하는 이벤트인 만큼 양사는 대단히 예민해져 있었다. 서정욱은 단순히 통화만 하는 게 아니라 뭔가 특별한 퍼포먼스를 구상 중이었다. 그는 기자들이 탄 버스가 정통부에서 KOEX로 오는 동안 버스 안에서 통화를 하는 아이디어를 떠올렸다. 서정욱의 머릿속에 영감이 떠오른 것은 6월 10일, 전시회 오픈은 6월 12일이었다. 이런저런 우려를 하는 직원들을 서정욱은 특유의 말 펀치를 때려눕혔다. 이틀이나 남았는데 뭐가 문제냐는 얘기였다. 한국이동통신 담당자들의 가장 길고 끔찍한 48시간이 시작된다. 시스템, 기지국, 단말기를 점검하고 시험 통화를 하고 혹시라도 연결이 안 되거나 전화가 끊어지면 배가 부르도록 욕을 먹는 고난의 행군이었다. 기다리던 12일 아침이 밝았다. 서정욱을 태운 차량이 앞장서고 그 뒤로 기자들이 탄 버스가 뒤따르는 가운데 직원들은 기자들에게 간단한 브리핑을 하면서 속으로는 간절한 기도를 올렸다. 통화가 연결 안 되거나 끊어지면 자기 목숨이 끊어질 판이었다. 버스가 하얏트 호텔을 지날 무렵 버스에 장치된 CDMA 단말기에서 전화벨 소리가 울렸다. 서정욱이었다. 기자들이 탄성을 지르는 가운데 서정욱은 CDMA 단말기와 연결된 스피커로 일일이 기자들의 이름을 부르며 분위기를 띄웠다. KOEX 전시장으로 가는 동안 전화는 한 번도 끊어지지 않았다. 전시관에 마련된 신세기통신과 한국이동통신의 부스는 기자들의 관심을 끌지 못했다. 이미 통화까지 다 한 마당에 자세히 둘러보는 기자도 없었다. 완벽하게 홍보 준비를 마치고 대기 중이던 신세기통신 직원들은 기자들의 밋밋한 반응과 무관심에 눈물을 삼켰다.

어쨌거나 아날로그 백업 망이 있어 느긋한 한국이동통신과 달리 서비스에 문제가 생길 경우 대안이 없는 신세기통신의 악전고투는 상상을 초월했다. 외국 주주들은 통신망이 불안하니 확신이 서지 않는 CDMA만 고집하지 말고 당장 상용화가 가능한 아날로그로 먼저 서비스를 하자며 경영진을 압박했다. 권혁조는 CDMA로 사업을 하는 것을 전제로 허가권을 받았다는 것을 방패삼아 버텼다. 외국 주주들은 정통부(1994년 12월 23일 국회를 통과한 정부조직법에 따라 체신부가 폐지되고 정보통신부가 탄생)로 몰려갔다. 주주로서의 권익을 주장하는 이들의 시도 때도 없는 정통부 방문으로 직원들은 노이로제에 걸릴 지경이었다. 가장 큰 폭격기는 미국에서 날아왔다. 에어터치(팩텔의 변경된 사명)의 법률 고문인 칼라 힐스다. 슈퍼 301조를 앞세워 자유무역과 공정무역의 첨병 역할을 하던 그녀는 특유의 예의 바른 오만함으로 사방을 들쑤시고 다녔다. 10월 24일 정통부를 방문한 칼라 힐스는 장관과 독대할 것이라는 예상을 깨고 실무자부터 찾았다. 정부 대리인이 아닌 에어터치사의 법률 고문자격으로 자신을 소개한 그녀는 한국정부에 정식으로 건의서를 제출한다며 자신들이 볼 때 한국 정부에서 추진하는 CDMA 장비로는 1996년부터 서비스를 제공하는 것이 불가능하며 신세기통신이 예정했던 것과 달리 서비스를 진행하지 못할 경우 자기네는 한 달에 200억 원의 손해를 볼 수밖에 없다는 말로 포문을 열었다. 쉽게 말해 아날로그 서비스를 할 수 있도록 해달라는 얘기였다. 정통부 실무자들이 서비스 사업 시기가 아직 6개월이나 남았으며 충분히 서비스가 가능하다고 설명했으나 그녀는 들은 척도 하지 않았다. 기업의 일은 시장에 맡겨야지 정부에서 일일이 간섭해서야 되겠느냐는 칼라 힐스의 우회적인 협박은 신자유주의의 논조를 그대로 반복하고 있었다. CDMA 단말기 개발에 실패할 경우 어떤 물건을 대안으로 생각하고 있느냐는 정통부 실무자들의 질문에는 아날로그와 디지털 겸용인 모토로라의 슈퍼셀을 제시했다. 공문서를 전달한 그녀는 곧바로 정통부를 떠났다. 칼라 힐스가 두고 간 공문서에는 CDMA 기술이 현실적으로 어렵다는 내용과 함께 신세기통신의 직인이 찍혀 있었다.

정통부로부터 전화를 받은 권혁조는 어이가 없었다. 사장도 모르는 공문서라니. 그의 머릿속에 에어터치의 기술이사인 그라인드 스텝이 떠올랐다. 과연 불러 놓고 추궁하니 자신이 한 일이라는 답이 돌아왔다. 본사의 지시에 따라 공문서를 위조했던 것이다. 칼라 힐스가 다음으로 찾아간 곳은 청와대였다. 대통령 비서실장 한승수는 구면인 칼라 힐스를 반갑게 맞이했다. 표정은 웃고 있었지만 그녀의 입에서 나오는 말은 아니었다. 아날로그로 서비스를 하지 못할 경우 한국 정부를 불공정 무역 혐의로 미 무역 대표부에 제소하겠다는 칼라 힐스의 말에 한승수는 대답할 말을 찾지 못했다. 답이 없어서가 아니라 내용을 잘 파악하지 못했던 것이다. 경상현 장관은 대통령에게 보고를 마치고 돌아가는 길에 한이헌 경제수석을 찾았다. 한이헌은 자신은 기술을 잘 모른다며 쉽게 설명해 달라 요청했고 경상현은 오로지 1등만 존재하는 기술 시장의 냉혹함과 외국산 이동통신 기종인 슈퍼셀이 도입될 경우 국산 CDMA는 주 기종의 자리를 내놓을 수밖에 없으며 1997년 서비스 예정인 PCS 시장에서도 국산 부품들이 퇴출될 것이라는 향후 전개과정을 차분히 설명했다. 한이헌은 그제야 이 일이 불공정 무역 행위 수준의 단순한 사안이 아니라는 사실을 알 수 있었다. 정통부로 돌아온 경상현은 신세기통신에 정식으로 정통부의 입장을 전달한다. 신세기통신이 아날로그 서비스를 할 경우 제2사업자 허가 시 제시된 조건을 위배하는 것이며 신세기통신의 사업자 허가를 취소한다는 내용이었다. 정통부의 공문이 주주들에게 전달되자 칼라 힐스가 다시 한국으로 날아왔다. 그녀는 자신의 인맥을 총동원해 정통부를 공격했고 권혁조는 청와대에 들어가 입장을 밝혀야 했다. CDMA는 반드시 성공한다는 권혁조의 장담에 한이헌 경제수석은 더 이상 문제를 재론하지 않기로 했다. 그러나 끝이 아니었다. 칼라 힐스가 던지고 간 폭탄은 여기저기서 터지고 있었다. 업계에서는 신세기통신 주주들에게 밀린 정통부가 곧 항복할 것이라는 괴담이 돌았다. 흉흉했다.

상황은 관(官)이 나서는 것이 적당치 않은 방향으로 흘러갔다. 그랬다가는 정말로 국가 간의 외교 분쟁으로 비화할지 모르는 분위기였고 신세기통신 주주들의 공격은 CDMA의 비싼 로열티를 들먹이는 것으로 여론을 자극했다. 문제는 민간에서 풀어야 했다. CDMA의 우수성을 알리고 항간에 퍼진 오해를 푸는 것이 목표였다. 이동통신 시스템과 단말기 전원장치를 개발하는 동아전기 사장 이건수는 기꺼이 그 역할을 떠맡았다. 언론계에 깔려 있는 인적 네트워크가 그의 무기였다. 이건수는 국내 유력 일간지와 지상파 방송 기자들을 불러 모았다. A4용지 석장에 사태를 요약해서 담았고 CDMA가 꼭 성공해야 하는 이유를 설명했다. 우리가 CDMA 기술을 상용화하면 세계 최초인데 이런 건 언론이 좀 도와줘야 하지 않겠느냐는 말에 기자들은 고개를 끄덕였다. 무엇보다 기술 산업에서 한 번 위치를 상실하면 그걸로 끝이라는 말은 효과가 있었다. 그날 이후 CDMA와 신세기통신을 대하는 언론의 태도가 사뭇 달라졌고 정통부는 겨우 늪에서 빠져나올 수 있었다. 사태가 가라앉자 포항제철의 김만제 회장은 권혁조 사장과 박헌서 회장 등을 별장으로 불러 식사를 대접했다. 오랜만에 웃음이 오가는 자리였지만 긴장이 풀린 권혁조는 허리를 움켜쥐더니 일어나지 못했다. 스트레스성 디스크였다. 바로 호전될 증세가 아니었고 주주들은 긴급회의를 열어 선수교체를 결정할 수밖에 없었다. 하긴 1991년 박태준 회장에게 포항제철 이동통신 사장으로 발탁되어 두 차례에 걸친 사업권 선정 전쟁을 치렀고 CDMA 상용 서비스 사업의 기반을 닦는 4년 동안 하루도 제대로 쉬어본 적이 없었으니 그만하면 오히려 오래 버틴 셈이었다.

안팎으로 사건, 사고가 끊이지 않는 동안에도 한국이동통신과 신세기통신은 상용 서비스 준비에 결사적으로 매달렸다. 아날로그 백업 망을 가진 덕에 상대적으로 느긋했던 한국이동통신도 초조하기는 매한가지였다. 기지국을 세우는 작업만 해도 대공사였다. LG가 기지국을 생산해 현장에 설치하는 동안 개발팀은 통화시험을 반복하고 있었다. 통화 끊김이 발생하면 비상이 걸렸다. 신세기통신의 기지국 팀은 본부와 연결된 노트북과 단말기를 가지고 다니며 문제점을 파악했다. 문제 하나를 해결하면 또 다른 문제가 발생했다. 퀄컴도 답을 내놓지 못하는 결함을 파악해 해결하기도 했다. 퀄컴이 반대로 한국에 로열티를 줘야 하는 것 아니냐는 농담까지 나왔다. 원천기술을 들여온 지가 어제 같은데 이제는 누가 원천기술자인지 모를 지경이었다. 대한민국 정보통신 사상 가장 뜨거웠던 겨울은 그렇게 지나가고 있었다.

새해가 밝았다. 마침내 1996년 1월 3일 한국이동통신은 1호 가입자인 인천의 한 고객에게 011을 고유번호로 하는 첫 서비스로 성공적인 CDMA 상용화의 스타트를 끊는다. 예정보다 4개월이나 빠른 개통이었다. 1990년부터 무려 5년 동안 진행된 대장정의 끝이었다. 설마 될까로 시작된 미지에 대한 모험이었고 쉬운 길 놔두고 왜 절벽으로 가느냐는 소리를 들었던 사업이었다. 세계 최초도 좋지만 사방이 위험요소 천지인데 뭘 믿고 CDMA를 고집하냐는 방해와 훼방을 뚫고 달린 시간이었다. 그리고 대한민국이 기술종주국으로 본격적으로 거듭나는 순간이었다. 이어 신세기통신이 4월 1일 서울과 대전을 상용 서비스 지역으로 하는 업무를 개시했다. 017을 고유번호로 하는 두 번째 성공이었다(이어 PCS 사업자로 한국통신프리텔, 한솔PCS, LG텔레콤이 선정되어 각각 '016', '018', '019' 번호로 서비스 개시). 개통 당시 소비자들의 반응은 어땠을까 한 일간지는 그 날의 분위기를 이렇게 기사에 담았다.

우리나라도 본격적인 디지털 이동통신시대가 열렸다. 그동안 값은 비싼데다 전화를 걸면 통화중 신호음만 들리기 일쑤고, 어쩌다 연결되더라도 혼신에 잡음이 겹치는 불량 이동전화에 소비자들은 짜증을 내왔다. 이제 혼신과 잡음이 없고, 통화중에 끊어지지도 않는 디지털휴대폰이 개발됐다는 소식은 귀가 번쩍 뜨이는 뉴스임에 틀림없다. 이번에 개발한 코드분할 다중접속방식의 디지털 이동전화는 국내기술력으로 세계 첫 상용화에 성공했다는 점에서 1백년 국내통신 역사상 획기적인 일로 평가되고 있다.

-조선일보 1996년 4월 4일자-

1996년 1월의 디지털 이동통신 개통은 우리나라 정보통신 역사상 네 번째 '별의 순간'이었다. 쉽게 뜬 별이 아니었다. CDMA에 대한 정보와 이해가 없었더라면 선택은 TDMA밖에 없었고 지금 우리는 기술종주국이 아니라 기술종속국이 되었을 것이다. CDMA 단일 표준 결정이 아니었더라면 사업은 방향을 잃고 표류

했을 것이다. 기술 개발과 생산업체의 통제에 실패했더라면 서비스 시기는 늦어졌을 것이다. 미국 측 요구대로 TDMA를 복수 허용 했더라면 1,000억 원을 들인 CDMA 기술은 사장(死藏)되었을 것이다. 전자통신연구소의 경상현, 양승택 소장의 역할은 아무리 강조해도 지나치지 않다. 그리고 아슬아슬한 매 순간마다 등장해 물꼬를 트고 사업의 방향을 잡은 이름들이 있다. 박헌서, 윤동윤, 서정욱, 권혁조다. 이들이 아니었더라면 아니 이들 중 한 명이라도 없었더라면 대한민국 통신 기술의 신화도 없었을지 모른다.

1997년 국정감사에서 퀄컴과의 CDMA 로열티 배분문제가 처음 등장한 후 이 문제는 국회의원들의 단골 질의 메뉴가 됐다. 아예 퀄컴을 인수하지 그랬냐, 그게 정 어려우면 기술이라도 통째로 사지 그랬냐 등등. 그러나 현실을 모르는 이야기다. 국내 기업이 퀄컴을 매수했더라면 특혜 시비로 CDMA를 국책사업으로 진행할 수 없었을 것이고 미국에서 표준기술로 인정받지도 못했을 것이다. CDMA는 미국 기업이 특허권을 가진 기술이었고 퀄컴의 로비로 미국 표준이 될 수 있었기 때문이다. 그리고 무엇보다 당시는 CDMA 개발을 확신할 수도 없었고 시장규모가 그렇게 커질지는 아무도 몰랐다. 시간 지난 다음에 시비 거는 사람들은 항상, 꼭, 어디나 있다.

나가는 말

대한민국 통신 역사에서 획기적인 전환점이 되었던 사건을 꼽으라면 당연히 전자식 교환기의 자체 개발과 거기에 접목한 CDMA 기술의 상용화였다. 1996년부터 2001년까지 CDMA 상용화로 인한 이동전화 사업의 파급 효과는 장비 산업과 서비스 산업을 합쳐 최소 330억 조원으로 추산된다. 경제학자들은 대한민국을 IMF에서 건져낸 것이 이동통신을 중심으로 한 IT 산업이라고 분석하기도 한다. 그러나 그 과정에서 우리가 얻은 것은 단순한 기술이 아니었다. 그것은 자신감이었고 자존감이었으며 오랜 세월 위축되고 피해의식으로 짓눌렸던 자아의 회복이었다.

산업화는 늦었지만 정보화는 앞서 가자며 출발한 정보통신 혁명이었다. 슬로건대로 우리는 성공적인 정보화 과정을 통해 IT 강국으로 올라섰다. 단말기 분야는 1996년 첫 수출을 시작한 후 우리의 대표적인 수출품목 중 하나로 성장했다. 지금도 애플과 단말기 시장을 양분하고 있는 것이 우리의 기술과 제품들이다. 그러나 IT 강국의 지위는 영원하지도 않고 누가 보장해주는 것도 아니다. CDMA 개발 신화를 뛰어넘는 새로운 원천기술의 개발, 시장의 확대와 선도적 위치의 확보는 여전히 우리 앞에 놓인 과제다. 중단하는 자는 승리하지 못하며 승리하는 자는 중단하지 않는다. 우리는 또 다른 '별의 순간'을 기다리고 있다. 가장 깊고 가장 어두운 밤에 치솟아 방향을 잡아주는 그 친란한 별의 시대가 계속 어어지기를 진심으로 기원한다.

참고 도서

· 통신의 역사, 봉수에서 아이폰까지/김우룡/커뮤니케이션북스
· 소리 없는 혁명/이기열/전자신문사
· 정보법칙을 알면 .COM이 보인다/칼 샤피로/미디어퓨전
· 수집가의 철학/이병철/천년의 상상
· 아버지의 라디오/김해수, 김진주/느린 걸음
· 전화의 역사/강준만/인물과 사상사
· 모스에서 잡스까지/신동흔/뜨인돌
· 우리 휴대폰 덩크 슛 쏘다/정금애/수채화
· 정보통신대전/주호석/프레스빌
· 정보통신역사기행/이기열/북스토리
· 대한민국을 즐겨라, 통계로 본 한국 60년/한국통계진흥원
· 기적의 50시간/전자산업 50년사 편찬위원회/한국전자정보통신산업진흥회
· 기록으로 본 한국의 정보통신 역사 1, 2/진한 M&B
· 한국전자통신연구원 20년사/ETRI
· 대한민국 전자정보통신 산업발전사 1, 2, 3

우편통신에서 CDMA까지
–정보통신 강국 대한민국을 만든 별의 순간들

초판 1쇄 발행 2022년 12월 1일
초판 1쇄 인쇄 2022년 12월 5일

지은이 | 남정욱

펴낸곳 | 북앤피플
대 표 | 김진술
펴낸이 | 김혜숙
디자인 | 박원섭
마케팅 | 박광규

등 록 | 제2016-000006호(2012. 4. 13)
주 소 | 서울시 송파구 성내천로37길 37, 112-302
전 화 | 02-2277-0220
팩 스 | 02-2277-0280
이메일 | jujucc@naver.com

ISBN 978-89-97871-61-2 03560